人生顶层设计

成功人士的思维模式与顶层设计

宋政隆 著

中国商业出版社

图书在版编目（CIP）数据

人生顶层设计/宋政隆著.--北京：中国商业出版社，2023.6
ISBN 978-7-5208-2474-3

Ⅰ.①人… Ⅱ.①宋… Ⅲ.①人生哲学-通俗读物 Ⅳ.①B821-49

中国国家版本馆CIP数据核字(2023)第081164号

责任编辑：郑　静
（策划编辑：刘万庆）

中国商业出版社出版发行
（www.zgsycb.com　100053　北京广安门内报国寺1号）
总编室：010-63180647　　编辑室：010-83118925
发行部：010-83120835/8286
新华书店经销
香河县宏润印刷有限公司印刷
*
710毫米×1000毫米　16开　14印张　150千字
2023年6月第1版　2023年6月第1次印刷
定价：68.00元
****
（如有印装质量问题可更换）

前 言

顶级成功，致力于生命觉醒和突破认知

世界上的很多东西都是经过设计产生的，比如房子、车子，还有钱币，都是由人设计出来而后才出现在这个世界上的。同样，我们的人生也需要设计，那么你设计过自己的人生吗？你想怎样度过自己的人生呢？无疑，有计划的人会掌握生活的主动权，而没计划的人却只能被生活裹挟着过完一生，那么你想如何过完自己的一生呢？

在我们的生活中，每天都充满了各种各样的选择，大到选择伴侣和事业，小到每天选择吃什么、穿什么，对多数人来说，每天都会陷入"选择困难症"。其实，所谓的选择困难，只是当事人没有设定"选择的标准"，有了标准，人生也就变得简单明了了。

人生的顶层设计，就是给你的生活设立一个最高标准。有了顶层设计，就会有一套做事情的最高指标和框架；有了做事情的具体方向，我们的人生从此就会远离迷茫和消极，变得主动而积极。

所谓顶层设计，其实就是基于认知结构的思维。人生的结构设计好了，就能由上至下、由根而生枝生叶。因此，给自己的人生设立一个最高目标，在人生行进的过程中，就能随时根据背景与实操可行性，以最

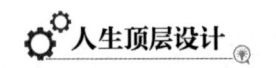

高标准做出最优化的选择,然后去实现它。

每个人的认知结构都包含两个参数:一个是个人认知的广度,包括时代发展所带来的新事物和新方法;另一个是个人认知的深度,包括层次和境界的高低。设计好了顶层,人生规划中的生命蓝图也就有了最高的行为准则和最优级的思维框架,有了前进的方向和"第一动力因",如此就能一步步地实现自己每一个阶段的精彩人生。

每个人的一生都只有短短几十年,因此在有限的时间里,我们要对自己宝贵的人生进行顶级的规划,以无愧于此生。只有规划好了自己的人生,确定了终极目标,我们才能信心满满,从从容容地开启我们的人生。

正如从商和为官的人生路径完全不同一样,所以我们要尽快为自己做好属于自己的顶层人生规划,而不是放任自己,让自己随波逐流,否则不仅是对自己人生的不负责任,也是对家庭、子女和父母的不负责任。

世界上的成功者,一定是醒悟得比常人更早、更快、更深的人。

稻盛和夫先生说过,成功 = 思维模式 × 热情 × 能力。

稻盛和夫先生将人的思维模式排在第一位,可见思维决定一切。而要想培养自己的顶层设计思维,就要经历设计方案、落实行动、等待结果检验、复盘等几个环节,不断进行优化和强化。

具备顶层设计能力的人,脑袋中会不断思考自己的资源、能力、认知和局限,从而突破原有的圈层,让自己更上一层楼,同时也让自己的心智达到一个新的高度。对自己的人生进行顶层设计,然后按照设计的标准行事,遇事做出正确的选择,我们就能穿越人生的"窄门",成为人生的赢家,享受更加美好的人生。

目 录

上篇 顶级成功人士的思维模式

第一章　终极之问：解析人生的意义
什么是人生 / 2
人生为何而来，将走向何方 / 4
人生的意义到底是什么 / 7
人生的终极价值是什么 / 10
怎么定义自己，就会拥有怎样的人生 / 13

第二章　探究顶级成功人士思维模式的奥义
什么是思维模式 / 17
个人的思维决定模式，个人的模式决定未来 / 20
思路决定出路，思维方式促成了人们的成功 / 23
平庸者"顺思维"PK 成功者"逆思维" / 29
引导成功的思维方式 / 32

第三章　顶级成功人士的自我跨越，离不开五大精进思维
独立思维：人生只有一次，要靠自己而活 / 36
努力思维：努力到无能为力，拼搏到感动自己 / 40
实践思维：身体力行是最好的学习方法 / 44
聚焦思维：学千招，不如绝一招 / 46
跃层思维：摆脱低层思维　实现阶级跃层 / 49

第四章　顶级成功人士的和谐人际，需要五大处事思维

诚信思维：人无信不立 / 53

尊重思维：要想赢得他人的尊重先要尊重他人 / 56

缺憾思维：接纳他人的不完美 / 59

让步思维：适当妥协，也是与人相交的秘诀 / 63

忘却思维：宽容以待，忘却恩怨 / 66

第五章　顶级成功人士成绩的取得，取决于五大工作思维

正向思维：工作之路苦乐参半，关键在于自己 / 69

推销思维：不管做什么，都要擅长推销 / 71

结果思维：不要专注于时间，要专注于结果 / 75

重复思维：简单的事情重复做 / 78

交换思维：将欲取之，必先予之 / 81

第六章　顶级成功人士优秀团队的打造，需要借助五大管理思维

放权思维：将权力下放，不要一人独揽 / 85

合作思维：一木难成林 / 88

系统思维：从全局出发，把握工作的整体性 / 91

缺口思维：让下属参与，是人和人合作的一种境界 / 95

利他思维：你的成功能为他人带来利益 / 97

第七章　顶级成功人士成就伟大事业，依赖于五大商业思维

隧道思维：视野不宽，脚下的路也会愈走愈窄 / 100

迭代思维：只有不断更新，才能走得更远 / 103

换轨思维：道路不通时，及时换轨 / 105

借力思维：用他人的财物，为自己服务 / 108

双赢思维：建立双赢的战略伙伴关系 / 110

下篇 做好人生顶层设计，让自己的生命更有意义

第八章 重视梦想设计，走好实现人生辉煌的第一步
　　　　确立自己的人生观、世界观和价值观 / 116
　　　　明确奋斗目标，行动也就有了方向 / 119
　　　　充分了解自己、分析自己 / 122
　　　　发挥优势，积极行动 / 124
　　　　没有什么规划是一成不变的 / 127

第九章 做好学习设计，让自己行动起来更有力量
　　　　制订一份学习计划 / 130
　　　　即使遇到难题，也要坚持下去 / 133
　　　　选择适合自己的充电方式 / 137
　　　　职场需要什么，你就学什么 / 140
　　　　化整为零，抓住工作之外的时间来学习 / 143

第十章 规划职业设计，更好地游刃于职场生涯
　　　　做好自我盘点，更好地了解自己 / 146
　　　　熟悉自己的优势和劣势 / 149
　　　　为自己的职业设定一个远大的目标 / 152
　　　　做好职业环境分析 / 155
　　　　加快速度，今天的工作今日毕 / 158

第十一章 做好婚姻设计，牢固人生的大后方
　　　　选择婚恋对象时，不要只看脸不看人 / 161
　　　　相比外貌，三观一致才是更重要的择偶标准 / 164
　　　　古时常说要门当户对，并不是没有道理 / 166
　　　　和谐处：与伴侣和睦相处 / 169

身在福中要知福 / 173

第十二章　重视健康设计，才能持续不断地朝前赶

健康作息，不要打乱生物钟 / 177

平衡饮食，不要暴饮暴食 / 180

坚持锻炼，培养健康的运动习惯 / 182

小病早治，才能防患于未然 / 185

烦心事随时都有，不要太过在意 / 189

第十三章　做好资金规划，更好地实现财务自由

必须花的钱不要省 / 192

没必要花的钱不要花 / 194

给自己留一部分备用金，不要动 / 195

定期存钱，也能积少成多 / 198

适当投资，让钱生钱 / 199

第十四章　向顶级成功人士学习人生顶层设计

任正非：为观念而奋斗的硬汉 / 202

曹德旺：天道酬勤的企业家 / 205

王传福：新能源汽车领军人物 / 207

雷军：为了梦想而努力的"最佳 CEO" / 210

董明珠：商业"铁娘子" / 213

上篇
顶级成功人士的思维模式

第一章
终极之问：解析人生的意义

什么是人生

从呱呱坠地的那一天开始，我们就踏上了自己的人生之路。"人生"这两个字，内涵如大海一般浩瀚，寓意如苍天一般无限。那么，人生到底是什么？

它是一道十分古老深奥的难题，古今中外，众说纷纭。乐观者说，人生是一支支壮丽的歌；悲观者说，人生是一把把辛酸的泪。有人感到人生是一杯苦酒；有人觉得人生像动听的歌。

不同的人有着不同的人生态度。在现实生活中，每个人都有各自不同的人生经历：有的人庸碌世俗，一生无为；有的人不断进取，功成名就；有的人苟且偷生，遗臭万年；有的人献身正义，流芳百世。各种各样的人生经历构成了五彩缤纷、复杂多变的人生画卷。

千百年来，无数哲学家对人生经历进行过探讨，有的关于人生的理论不乏真知灼见，有的甚至闪耀着真理的光芒。但是，都没有揭示出人生的本质和规律，没有得出科学完整的结论。其实，人生就其本质来论，是个体生命活动和人类社会生活的辩证统一；是认识世界和改造世界的辩证统一；是物质创造活动和精神创造活动的辩证统一；是主体活动的人和客体活动的人的辩证统一。

马克思主义的人生观认为：人生是人的生命活动和生命历程，是人的生存与发展的客观过程，涉及人的生存环境、学习、工作、爱情、家庭、友谊、欲望、追求、理想等广泛的社会生活领域，包含着欢乐与痛苦、幸福与悲伤、顺利与曲折、光明与黑暗、友善与敌意、美好与邪恶等丰富而具体的内容。

笔者认为，人生应作如下解释：

1. 有起有落才是人生

"怎样的终点才配得上这一路的颠沛流离？"我们之所以能忍受人生的颠沛流离，可能都是为了寻求一个最好的归宿，一个能够让自己安居的地方。

人生难免会奔波，不劳累的日子，都不会让人印象深刻。就像很多人都会写自传一样，因为人生有大起大落，才让他们有了书写的勇气。

人生更多的是从一个失望走向希望的过程，如果太纠结，你就只能停留在山腰，无法领略峰顶的美景。当你苍凉燃尽的时候，总有火种能够让生活熊熊燃烧。人生就像小说里的江湖，大起大落才是快意江湖。

2.酸甜苦辣是人生百味

人们常说,生活不只琴棋书画,还有柴米油盐酱醋茶。人们都想诗意地生活,但人生是相对公平的,不能抛开现实谈理想,梦想脱离了现实,我们只能当个白日梦想家。

这个世界不会因为黑夜的到来而变得松懈,很多人都在用力地活着。生活,不是打了你一巴掌再给你一颗糖,而是会让你选择,是选择短暂的甜蜜,还是长久的幸福,不一样的选择终将会促成不一样的人生。

3.人生因不确定而精彩

"山重水复疑无路,柳暗花明又一村。"就像爬山一样,陆游或许从未想过翻越这座山就能找到炊烟袅袅的人家。或许正是这些意外,才让他领略了不一样的美景。

人生会让你失去些什么,也会让你得到些什么。不确定性的人生,更值得探索。我们往往把猝不及防的事故叫命运,把曾经的过往叫成长。人生就是一条没有修好的路,行走在这条路上,我们要用脚去夯实土壤,才能让自己走过的路更好看些。

人生为何而来,将走向何方

自古以来,找寻人类的根源都是一个常新的话题,两千多年前屈原的《天问》中,从天地离分、阴阳变化、日月星辰等自然现象,一直问到神话传说以至圣贤凶顽和治乱兴衰等历史故事，就是在追寻人的根源：生命从哪里来？每一个人在来到这个世界之前，他在哪里？

每个人都像一个圆规，一只脚死死站在原地，形成一个点，而另一只脚却随着原地转动，画成了一个圈。这个站定的点，其实就是个人的"来路"。这条来路由你无数次的选择铺垫而成，比如，一次考试，去一座城市，遇到谁和谁，去哪家公司，和某某组建家庭……这些事情看起来就像一条直线，而那个随点而画的圆，则是人这一生的轨迹。有些人成就非凡，这个圆圈就可能大一点；有些人成就比较平淡，这个圆圈就会小一点。但是，虽然圆圈有大有小之分，可"圆圈"这个图形是不变的。

一座高楼能建多高，既由人来决定，又会受到地基的影响。人生之事，如山涧的泉水，源自深山，却不限于深山，有可能流入大海，也有可能流入江河，完全由地势流向决定。当人生这个圈不断圆满时，也就懂得了来路归途两重境界。

1. 人从哪里来

按照达尔文的进化论观点，人类确实是从猿进化而来的。不过，不少人对这一点表示怀疑，认为如果人真的是从猿进化而来，那么现代世界应该没有猿猴。如此，也就搞错了进化本身的概念。进化并不代表着原物种的消失，发生进化的往往是物种中的一个分支，人类也是猿猴的一个分支，而今天的猿猴属于其他分支。

人和动物的根本区别在于直立行走、制造使用工具、语言文字和社会劳动等，用现代人类和猿猴进行对比，效果定然很明显。只不过，在

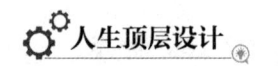

进化过程中我们的祖先和其他猿猴可能有过接触，让这些标志变得模糊起来。

以人类形成晚期的南方古猿来说，它的生存时间大概在550万年到130万年前。从考古发现的化石来看，这类古猿分为两种类型：一种体形纤细，另一种体形粗壮。纤细型古猿属于杂食动物，而粗壮型古猿则以植物为主要食物。因此，最终演变成人的应该是纤细型古猿。

科学家们还认为，人类的进化源于个体基因的突变加上群体繁衍的积累留存，过程漫长而艰难，甚至在中途还会出现停滞和断代的现象，比如直立人。人类在这一阶段维持了很长时间，从目前发掘到的化石来看，该时期的直立人还没出现显著的进化特征，连脑容量的变化都特别小。

总之，人类从出现到进化成现在的模样，经历的时间虽然对于我们的寿命来说很漫长，但对于地球来说只是短暂的一瞬。放在整个人类进化史中，现代人的出现可能也只有几分钟的时间。更不用说，我们的祖先在进化过程中，还遭受过野兽攻击、经历的环境巨变等。可见，人类的诞生充满了偶然性，其发展过程也是曲折的。

2.人最终会去向何处？

人最终的结果就是死亡，万事万物皆是如此。《易经》中有个道理叫物极必反，就是说当一个物质达到了极限就会以新的姿态存在，比如，烧一锅水，火力再大，也只能烧到一百摄氏度了。一百摄氏度就是这锅水的极限，再烧下去，它就会变成水蒸气融入空气中。从狭义观念来说水是消失不见了，但从广义角度来看水没有消失，只是以一种新的形态呈现。

人类也遵循同样的规律。人死后可能会成为植物和动物中的一部分，滋润某种植物或喂养某种动物，再次以新的形式呈现，但呈现的形式不再是单一的个体，而是多个形式。

总之，人类与其他地球物种一样，不过是成千上万个地球物种之一。从微观层面讲，万事万物都是一样的，都由原子构成。而原子是由无数恒星的核聚变产生的，从这点来讲，人类就是恒星核聚变的"核废料"，因为我们身体内的原子都是恒星核聚变后的产物，最终又会回到星辰大海，参与到宇宙无尽的循环当中。

人生的意义到底是什么

"人生的意义到底是什么？"这是每个人都要面对的一个问题。

对于这个问题，有的人从小时候就开始想，人们都觉得他是天真，其实这叫作智慧；有的人经历挫折后会想，人家都觉得他是矫情，其实这叫作聪明；有的人中年后才会考虑，年轻人觉得他是服老，其实这就是我们普罗大众；有的人一生都不会关注，只有在死之来临的一刻才会念念不忘，相当于是白来世间一趟。要真想活得明白，就要认真考虑这个问题。既然出生由不得我们选择，生命的终点又无法改变，那人生的意义到底是什么？我们到底是为什么而存在？

把这个问题抛给老子，他的回答肯定是没有意义，所以他才会不留经典，执意西行；如果问庄子，他肯定也觉得没有意义，所以他才会如此叛逆，与常人有很大差异；把这个问题抛给叔本华，他也说没有意义，因为他认为，人充满欲望，不满足就痛苦，满足了就无聊，人生就像钟摆，在痛苦和无聊中摆动，结局是死亡，人生最终是一场空。

但真的是这样吗？既然人生没有意义，那他们又在干些什么？他们又为什么而活？难道只是漫无目的地活着吗？老子说人生没有意义，却执意西出函关，去寻找一些我们没有见过的东西；庄子说人生没有意义，却梦中化蝶，写下了《逍遥游》这样的奇文；叔本华说人生没有意义，却吃喝嫖赌样样俱全……

从宇宙角度来看，人的存在本身就是一个偶然。生命就像清澈的流水，从这头到那头，完全不在我们的掌控之中，既没有意义，也没有价值，但我们却可以赋予它意义，继而发现：不同的人，其人生的意义也完全不同。

有人说，人生的意义是活在当下。确实有些道理，但听上去有一种鸡汤的感觉。其实，可以换一种说法，人生的意义就是寻找人生的意义。听起来可能绕口，但我们目前所看到的一切，都是人们在寻找人生意义时所带来的附属品。

1. 物质矛盾

一贫如洗的人想要拥有一切，拥有一切的人想要拥有更多，拥有更多的人想要保全，整日惶恐不安……

面对灯红酒绿的世界，很多人无法控制自己的欲望，想去掌控世界，这就是人们的天性，但可惜的是，多数人都是平庸的，现实中所得到的东西，永远满足不了自己的欲望，这就形成了第一层矛盾，即"物质矛盾"，只能深陷在痛苦之中，整日活在深渊里，无法将这种痛苦和矛盾转换成为幸福。

人与人的悲欢是相同却不相通的，每个人卸去伪装之后的困惑都是一致的，应该接受现实，换个角度去感受生活。在忙碌追求原本不属于自己的东西时，会错过一些近在咫尺的风景，对于多数人来说，最终都是活在当下。枯燥的生活虽然没有改变，但欣赏一些被自己忽略的风景，忘掉那个不确定的未来，就能在物质矛盾中不断地前行。这种状态持续的时间长了，就会达到另一个更高的状态。

2. 精神矛盾

有些人不在乎物质世界，不以奢侈和炫耀为目标，如同自己已经与物质世界分离。这类人的人生意义，就是更为高级的"精神矛盾"。这些人想要追求的是精神生活的升华，一般人也有精神需求，却不会去追求。有的人打两把麻将，就会感到舒适和愉悦；有的人和亲朋好友聊天，就会觉得满足和惬意。不过，我们说的这种人，并不会满足于这种简单的精神需求，在寻找人生意义的过程中，难免会做出一些不符合常理的举动，甚至还会主动与这个世界断绝交往。比如，近代的李叔同，尝试过从事各行各业，活出了十几种人生，最终为了寻找人生的意义，断绝了与世界的往来，彻底遁入空门。

人生的意义，是人生必然要回答的问题，应该尽早去思考，尽早让自己漫无目的的人生变成一场寻找意义的旅途，此后你再也不会思考这个问题时，也就找到了人生的意义。

人生的终极价值是什么

人，到底为了什么而活？

有些人认为，人是为了金钱名利而活。

有些人觉得，人生，不仅有物质追求，还有诗和远方。

有些人感慨，无论是谁，都只为了"活着"而活着。

……

其实，每个人心中都有自己对人生意义的看法。世上有多少人，就会有多少种不同意义的人生。只不过，所有的人都会面临这么一个结果，那就是"归去"。不管你取得多大的成就，拥有多少名利，最后也只会"赤条条来去无牵挂"。

人生虽不同，但每个人都有自己的价值。有的人人生价值轻于鸿毛，有的人则重于泰山。一个人走完一生都会盖棺论定，生之时的功与过、价值，都会公诸于世。不知道人生最终的价值是什么，就来读一下亚里士多德的一句名言，因为他一语道破了人生的最终价值：

人生最终的价值在于觉醒和思考的能力，而不只在于生存。

读完这段语录，你是否茅塞顿开，醍醐灌顶？成功人士哪个不是觉醒过后的人，哪个不具备思考的能力？而没有成功的人，人生没有价值可言的人，人生就没有觉醒，只能平凡地度过此生。

人生价值，是人生观体系中的一个重要范畴。评估人生"价值量"大小，就能明白人生的好处以及大小。

人生在世，每个人的人生好处都是不一样的，或光明或黑暗，或奋进或颓废，或美丽或丑陋。

人生只是一个过程，来时几声哭泣，走时几人叹息。但世间万物无不在走这个过程，每个人在世间历经沧桑，最后走向灭亡。而人生的好处便是在这个过程中获得的。

人生的好处没有止境，因为人活着一天就会有一天的好处。正能量的人生，不能有满足的思想，要不断地追求，要在珍惜自己拥有的前提下追求眼下没有的、自己通过发奋能够得到的。找不到人生的坐标，碌碌无为地结束自己的一生，这样的人生是平凡的。

人生的价值是给予而不是得到，是付出而不是讨取。

有人出身不好，前程坎坷，事业不顺，责怪父母没给自己带来幸福和快乐。其实，成功的人生有天生的方面，主要还是靠自己的发奋学习、勤奋创业。个人只有满足社会需求，才能获得自我生存的有利基础。要探索人生的好处，体会生命的价值，就要去追求。生与死，安与危，乐与苦，是检验人生价值观的尺度，真正的价值并不在人生的舞台上，而在我们扮演的主角中。一个人的价值，在于他贡献什么，而不是他能取得什么。

有人说"人生就是拼搏"，有人说"人生是一场游戏"。这是从人生的过程来说的，前者不相信命运，努力拼搏，迎难而上，在风浪中前进，

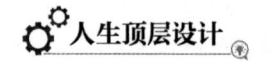

勇于开创，每走一步都踏踏实实、勤勤恳恳。而后者，将人生当作一场梦，不认真、无所谓、无理想、无信仰，随心所欲，懒懒散散，没有生气，用一种玩世不恭的态度对待，这不仅无法丰富和发展人生，还会糟蹋了人生。

每个人都有自己的价值，就看你能否将其释放出来，能否让它为你的人生增添光芒，为世界增添一束光环。无论是谁，都期望找到自己的存在价值，都很想被人需要。

尼古拉·奥斯特洛夫斯基在《钢铁是怎样炼成的》一书中说："一个人的生命是应该这样度过的：当他回首往事的时候，不因虚度年华而悔恨，也不因碌碌无为而羞愧。"个人最大的价值在于实现自我，年轻时做事记住三个字"不要怕"，年老回首往事时提醒自己"不要悔"。如果这一辈子没什么让你感到悔恨痛苦的，你的一生便没什么可值得遗憾的，终老唯有一句"足矣"。

我们都是迷宫里寻找出口的人，都是手持不同剧本的演员。我们的人生受各种社会关系制约，主观上，也许能够按自己的意愿去演化人生历程，但客观上这些人生意愿能够在多大程度上实现，要受到社会关系诸多因素的制约。

怎么定义自己，就会拥有怎样的人生

很多人有这样的生活体验：

在一个集体里，很多人都不喜欢你，你就会怀疑自己的性格是不是有问题。当你到了另一个集体以后，很多人喜欢你，你又会忍不住觉得，自己身上肯定有这样或那样的优点。如果你有幸被清华、北大录取，在一众天之骄子里，难免会有泯然众人的感觉；可是，如果你有魄力转学到一所普通211院校，难免又会生出某些优越感。遇到不会正眼看你的女孩，你会不自觉地认为，自己不帅、不高、气质不好。可是，在喜欢你的女孩的眸子里，你又觉得自己魅力四射……同样都是你，一切都没有变，你的心境却随着境遇高低起伏。你我都是凡人，情绪的起伏，难免造成能量的内耗。

我们无法控制自己的遭遇，因为它们既和我们的主观选择有关，又和我们由于际遇偶然碰到的运气有关。自己的心情总被经历的具体事件影响，导致定义自己的品质和潜力，既不明智，又偏离真相。我们需要找到一个最合适自己的坐标系来定义、衡量自己，即用目标定义自己。

与其评价自己是一个聪明的还是愚笨的、敏感的还是迟钝的人，不如将自己定义为：一个追求某个目标、正在路上的人，一个正在经历某

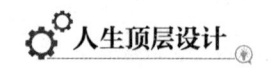

些挑战、需要如何努力的人。

别人认为你是哪一种人并不重要，重要的是你是否肯定自己；别人怎么定义你并不重要，重要的是你怎么看待自己。你如何定义自己，就会有怎样的命运。

一个男孩在山林间玩耍，偶然在老鹰窝发现了一枚蛋，于是将蛋带回了家中。为了避免鹰蛋被碰破，男孩将蛋放到了鸡窝里，但之后很快就忘记了这件事。

没过多久，鹰蛋随同鸡蛋一起被孵化。看着身边的小鸡，小鹰以为这就是它的兄弟姐妹，给它温暖的就是妈妈。小鹰从来没有怀疑过自己鸡的身份，同其他所有小鸡一样叽叽叫，一样在地面上行走，连飞也和鸡完全一样，半跑半飞，跌跌撞撞。

慢慢地，小鹰变成了成年的老鹰。在岁月流逝中，这只老鹰无数次仰望过在天上展翅翱翔的鸟，内心很羡慕，它多么希望，自己也能像那些鸟儿一样遨游天空。可是一想起自己鸡的身份，就觉得自己是在痴心妄想。它不断压抑着自己内心的冲动，继续像其他鸡一样生活着。

有一天，它看到就在自己头顶不远的上方，飞着一只和自己完全相同的大鸟。看着那只大鸟优雅的身姿和美丽的翅膀，在天上毫不费力地滑翔，它既羡慕又意外。它觉得特别奇怪：怎么会有和自己一样的鸟？它问旁边的鸡，鸡回答道："那是老鹰，百鸟之王。它属于天空，而我们是鸡，属于地面，没法像老鹰一样飞翔。"

从那以后，这只老鹰便多次梦到自己像老鹰一样在天空自由飞翔，多次产生要飞起来的冲动，却一直没有这么做。因为它完全被困在自我身份的认同上。最终，这只老鹰一辈子都没有飞起来，只能抱憾终生。

看看现实中的我们，是不是很多时候像这只老鹰呢？我们不去觉知自己真实的本性，带着世俗的限制性观念，去看待自己和他人。也许有些人会选择像这只老鹰一样，乐在其中，只要感到轻松快乐，这也没什么不好。但如果某种生活方式或某种观念信条，已经给我们带来了烦恼和压抑，就说明我们出了问题，违背了生命的真实标准"爱"与"平静"，只有放下种种的自我限制，才能活出真实的自己。

所谓做好自己就是在行为、做人、做事等方面展现自己的特点，通俗地讲就是走自己的路，让别人说去吧。比如：

你做自己喜欢的工作，只要不去钩心斗角，只要不嫉妒或干扰别人，就可以专心做好你的工作。

你想做生意，只要不投机倒把，只要不偷税漏税，只要不欺行霸市，就问心无愧地做你的生意。

你想唱歌跳舞，只要觉得愉悦身心，只要不扰民或妨碍公共秩序，就大胆地去享受你想要的生活。

你愿意到大自然中走走，放松一下身心，只要不对自然造成破坏，就去走你的，何必在乎别人说什么。

人生路，各不同，各有各的想法和活法，自己的路自己走，才能体会到酸甜苦辣。

你羡慕别人成功的辉煌，却没有看到他背后付出多少心酸和汗水。

你羡慕别人灿烂的微笑，却不知道他隐忍过多少泪水。再富有的人，也有烦恼；再幸福的人，也有忧伤。上天对每个人都是公平的，没有谁能事事如意，也没有谁活得十分容易。

每个人的路都得自己走，累不累，只有自己知道。不攀比，好好活自己，学会知足，就是幸福；不争不抢，就是快乐。

第二章
探究顶级成功人士思维模式的奥义

什么是思维模式

思维是人们用头脑对每一件事情进行逻辑推导的属性、能力和过程。它是人们对事物内部本质联系和规律性的探索与发现，是人类认知过程的高级阶段。在具体思维中，思维形式和思维内容总是结合在一起的，既不存在没有思维形式的思维内容，也不存在没有思维内容的思维形式。而思维模式就是由事物发展规律而形成的系统、具体的逻辑处理。思维模式的不同可能影响你的一生。

思维模式是存在于你脑海中的信念，非常强大，你可以通过改变自我意识去改变思维模式。因此，好好想想自己的前进方向，你选择的思维模式将会引领你朝着希冀的目标奋进。

· 不同的人有不同的思维开启模式，就抗压能力来说，成长型思维模

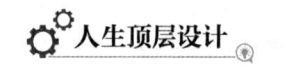

式远比固定型思维模式的人更强、更给力。当遇到困难的时候，他们一定会认为这只是生活中的一个过程，只会更加坚定不移、努力向上，虽然也会遇到不少波折，但结局却是美好的。

1.何为思维模式

思维模式，是一种个性化的启发模式。它一旦形成，就会深植于大脑。只要遇到类似的事件，大脑系统就会选择越过"智人脑"，直接产生反应。

思维模式分为固定型模式和成长型模式：

（1）固定型思维模式。固定型思维模式的人思想一般都比较固执，一成不变，时刻想证明自己的智力、个性和特征，会把发生的事当作衡量能力和价值的标尺。

（2）成长型思维模式。成长型思维模式的人会主动迎接挑战，遇到挫折，也会坚持不懈；他们认为熟能生巧，会从批评中学习，从他人的成功中学到新知，获得灵感。

专业技能或许能取得暂时成功，但无法帮助他们始终维持成功，而巅峰状态持续需要一种积极进取思维模式。所以，在原有模式中互换进取，才是达到成功的表现。

2.思维模式的作用

（1）思维模式可以提升我们的认知能力和格局。

思维模式，可以帮助我们发现事物的本质和深层规律，不断提升认知能力，找到核心价值和根本解决办法。通过总结和使用各种思维模式，就能提升思考和实践过程的逻辑性、系统性，避免出现片面性和错误，建立起自己的底层思维框架，打造系统化、结构化的知识体系和发现事物的本质和深层规律的能力。

（2）思维模式可以帮助我们提升行动力，形成优秀的解决问题的能力。

顶级高手可以针对问题，运用模型分析解决问题，最大限度地利用资源和外部条件，运用高效的方法和策略，形成高水平解决问题的能力和效果。特种兵和优秀运动员为什么厉害？因为他们是思维模式的坚定实践者，他们在思维模式的指导下，刻意练习和不断重复，形成了下意识或无意识的模式化的思维和模式化的行为，可以在高度复杂和急迫的环境中迅速有效地解决问题、达成目标。

（3）思维模式可以帮助我们避免进入思维误区，提升纠错纠偏能力。

思维模式可以帮助我们建立系统化的方式思考，用系统化的方式解决问题，抓住本质规律，围绕清晰的目标持续地努力，减少和避免干扰和偏差。

我们的思维是有层次的，要想避免盲目选择，需要提升一个思维层次。以下这四种思维模式，可以使你在漫长的人生路上走得更远，也更从容。

①终局思维。简单来说，终局思维就是回到未来，回到终局，然后从终局开始思考，倒推回现在。中国有句古话："不谋万世者，不足谋一时；不谋全局者，不足谋一域。"做任何事情之前，都可以先停一小会儿，反过来想，能不能得到一些有用的启发。

②灰度思维。曾听过这样一句话："任何黑白观点都容易鼓动人心，

而我们恰恰不需要黑或白，需要的是灰色的观点，在黑白之间寻求平衡。"不被自我认知束缚，不将所有事情都进行二元对立，接受事物的多面性，将是非对错模糊化，尝试用"灰度思维"去思考问题，将自我认知维度放开，才能最大限度地融合过程，快速获得结果。

③亮点思维。真正厉害的人，遇事都懂得先找亮点。他们善于从当下的困局中跳脱出来，看到事物光亮的一面。当你深陷困境的时候，不妨试试用"亮点思维"方式看问题。善于从缺点中找到优点，也能化弊为利，把劣势转换为优势。

④整合型思维。优秀的人，很少会排斥外部信息。他们像一块海绵，只要是水，都会被吸进来看看，然后再把有用的东西挑出来。他们善于整合，能够从外部信息里提取对自己有价值的东西，充分感受世上的事物。因为有些事情看上去无用，但实则有很大用处。它们会潜移默化地改造你，影响你在关键时期做出的关键决策。

个人的思维决定模式，个人的模式决定未来

思维方式就是一种模式，模式不变，认知和行为就无法改变。就像脑子里只有锤子的人，看什么都是钉子。更要命的是，如果你的思维模式本身是错的，越努力越糟糕。

在生活中，时常听到有人说你的思维模式决定了你的行为，你的行

为决定了你的习惯，你的习惯决定了你的人生层次。其实，每个人都希望自己的未来更好，层次更高。因为只有看得高，容纳的东西才能够宽广，只有学会成长，并在成长的过程中积累经验，才会有所收获。

思维在心理学上是指，人们在认识事物时，由一定的心理活动所形成的某种思维状态，然后影响或决定同类思维活动的趋势或形成的现象，最终产生行为结果。

"思维决定格局，格局决定命运"，个人的思维方式基本上决定了一生的成就上限。好的思维可以成就人，不善于思考的人，只会走向人生低谷。如果想要未来更好，就要具有强者的思维，磨砺出强者的优秀品质。

1."崇拜强者"的思维

公司有个叫袁枚的采购员，他的思维和精明的头脑，让同事都为之叹服。

袁枚只是一个普通的采购员，但他的交际能力特强，很会办事，会想尽一切办法接近公司内有前途、有实权的高层管理人员。因为他待人热情，又会做事，这些高管都买他的账，没人小瞧他。

那年，采购部换了一位经理，部门进行了组织架构和人员调整，这位经理将袁枚赋闲起来，实际上就是在暗示袁枚主动走人。没想到，没过几天，营销总监就把袁枚调到营销中心任片区经理了。一年半之后，袁枚因业绩突出，被提拔为大区经理，行政级别和采购部经理平级。

一次，同事和袁枚闲聊，对他说："你真厉害，佩服你。"袁枚淡淡地说道："一个人要想混得好一点，就要以强者为榜样，利用自身的价值去吸引他们，想办法去结交他们，敬重他们并学习他们。"

所以，弱者要想得到别人发自内心的尊重，就要以强者为标杆，与强者为伍，最终成为强者。

2."利益"思维

强者都明白这个道理："人与人之间的关系，本质上是利益交换的关系"，别人是否愿意与你交往，首先会考虑与你交往是否有利可图。人与人之间，能互相利用，互惠互利，彼此之间的关系才能长久稳定。

强者总把利益放在首位，努力提升自己的交换价值，并追求个人利益的最大化，不会同情弱者。

（1）强者也会高喊同情弱者的口号，但这只是他们笼络人心的手段而已，弱者却会信以为真。

（2）弱者不能为强者提供利益，强者不会平白无故地帮助弱者。

（3）人都很现实，锦上添花的人多，雪中送炭的人少。你富裕了，别人才会巴结你；你强大了，别人才不敢欺负你。

3.强者品质

（1）信念坚定，意志顽强。苏东坡的《晁错论》有云，"古之立大事者，不唯有超世之才，亦必有坚忍不拔之志"，意思是说，自古以来凡是做大事业的人，不仅拥有出类拔萃的才能，也一定具有坚韧不拔的意志。真正的强者，都是乐观自信的人，他们信念坚定、意志顽强、不怕困难与挫折、百折不挠。

（2）懂得示弱和隐忍。真正的强者，知道示弱和隐忍的重要性。在春风得意的高光时期中，他们通过示弱和隐藏锋芒、忍辱负重来保全自己。在流年不利的至暗岁月里，他们养精蓄锐，在隐忍中等待机会。真正的强者，不会时时逞强、处处逞能，他们志向远大、心胸宽广，不会做情绪的奴隶。

（3）敢于打破条条框框的匪气。这里的"匪气"不是指土匪身上的那种完全不受道德和法律约束、诡计多端、凶狠残忍的品行。在弱肉强食的社会中，强者心里很清楚，中规中矩的行事风格是行不通的，他们身上的"匪气"指的就是：城府深，足智多谋、老谋深算；敢于打破条条框框的束缚。

思路决定出路，思维方式促成了人们的成功

常言道："思维决定思路，思路决定出路。"善于思考之人，即使不显山不露水，也会胜于常人。而不善思考者，纵使整天忙忙碌碌，到头来还是穷于应对人生。

人与人之间的区别，不在于能力，关键在于思维的差异。两者观念上的大相径庭，形成了迥然不同的人生。

有一个穷人，因为没钱吃饭，活生生地饿死了。穷人死后，见到了阎王，他先向阎王抱怨自己这一世的命实在太苦了，然后向阎王哀求，说自己穷怕了，来生再也不想当穷人了，希望阎王帮帮他。

阎王听了后，很同情他，说："你的来生，我可以给你两个选择：一个是你一个人去供养上万人，一个是由上万人来供养你，你愿意做哪种人呢？"

穷人听了阎王的话，没做任何思考，毫不犹豫地就说："那还用问，肯定是选一万个人来供养我，这多舒服呀。"然后，阎王就按穷人的意愿，送他去来生。

就这样，大概又过了三十年的时间，穷人竟然又早早地死了，再次来到阎王的面前。

一见到阎王，穷人就大声抱怨阎王欺骗他，说自己听了阎王的话，结果这一生竟然是做了一辈子要饭的，因为贫病缠身，刚三十岁就死了。

阎王一听，说道："怎么是我骗你，我给了你选择，是你要选择一万个人供养你呀，那不就是指要饭为生嘛，这一切不都是你自己的选择吗？"

穷人一听，无话可说，只能怪自己愚笨。于是，转而祈求阎王说："大人，那接下来的一生，我求你一定别再让我做穷人了，求你让我过上好日子吧。"

阎王听后微笑着说："好，不过还是由你自己选择，我给你这一生准备了两份差事：一个是去看守一座金山，一个是去负责一片土地，你选哪个？"穷人这次倒是想了想，可想来想去，还是觉得看守金山好。

穷人做出了选择后就离开了。

看着穷人离去的背影，阎王不禁感叹道：这个人呀，永远都是当穷人的命，因为他的思路出错了，他的思维不懂得逆转呀，看守金山，实际上是让他投胎去当老鼠；所谓金山只是黄灿灿的谷物，负责一片土地，则是让他去当大官呀。

这个小故事蕴含的道理就在于：真正决定你的命运的，是你的选择。而你的选择源于你的思路和思维，思路决定出路，逆转思维，方能逆转人生。人穷不可怕，可怕的是穷人的思维，想要摆脱贫穷，先要逆转自己的思维方式，别让贫穷束缚住自己的思路。

人生要想有所成就，首先有正确的思路来指引。思路清晰远比卖力苦干重要，心态正确远比现实表现重要，选对方向远比努力做事重要。所以，一定要抛弃不正确的思想观念，不及时改变，日后难成大器。

1.为什么说思路决定出路？

（1）打开成功之门，开通思路是关键。在现实生活中总会遇到各种各样棘手的问题，成功的路上亦不例外。因此，为了实现追求的目标，就要通过开通思路来解决。成功的过程就是一个开通思路、解决问题的过程。

（2）打开思路瓶颈，创业迎来辉煌。如果寻常工作只是为了单纯地解决生存这一基本问题，那么创业就是更高层次上实现人的内在需求和价值，是在追求另一种人生成功。创业不仅需要满足天时、地利、人和这三大成功要素，还需要积极的心态和正确的思路。

（3）开启思路之锁，助你洞开财富之门。每个人的心中都渴望拥有财富，都具有财富意识，可是财富不会长腿自己跑到你的手中。只有积极思考，用心挖掘新思路，才能打开财富之门，找到致富之路。

（4）社交思路驾轻就熟，精彩人生别有洞天。现代社会在很大程度上是一个"关系社会"，社交比以往任何时代都更重要。一个人有没有社交能力，直接决定着他在社会生活中能否成功。因此，在交流思想、交换意见、表达情感和需求、传递知识与信息的过程中，能够思路清晰地处理各种各样的人际问题，你人生成功的系数就会大一些，机会也就更多一些。

（5）思路方法正确，家庭生活幸福。"家"是最温馨的汉字之一，是人生最大的港湾。人生幸福的体验和感受源于家庭生活；爱护自己的家庭，享受自己的生活天地，使自己的心灵有一个憩息的寓所，需要正确的思路方法作为指南针，为我们生活的大船保驾护航。

（6）注入爱情新思路，演绎美丽新世界。现代的爱情不再是感性的、非理性的现象，而是体现了人的现实深层理性。获得爱情是一个积极的思维过程，一个新思路寻找的过程，没有智慧、缺少方法，是无法体验到真正的爱情的。

2.错误思维，只能引发负面结果

（1）没时间观念，拖延成性。看一个人未来成就的高低，从他对于时间的把握程度来分析，就能一目了然。

对于一个励精图治、胸怀抱负的人来说，即使"十年寒窗"，也不过是弹指一挥间；对于那些甘于平凡、碌碌无为者来说，哪怕只是一天时间，也是度日如年。

没有时间观念的人，在我们身边比比皆是。比如，上班迟到的员工，上学迟到的学生，聚会迟到的朋友等，这些现实生活中"迟到"的实例比比皆是。

守时背后通常反映了一个人对事物的态度。对时间的重视，能够准时准点地完成自己许下的承诺，这是对他人的尊重，也是在尊重自己，更是对个人信誉负责的表现。

一个守时的人，解决任何问题时，都不会出现焦头烂额的情况。因为他们言而有信，会把生活和工作安排得井然有序，能够在最正确的时间做最正确的事情。反观那些没有时间观念的人，他们对时间"不以为意"，势必会将他人的信任一点点消耗殆尽。而在消耗别人时间成本的同时，还会进一步耽误事情的进展，害人害己，最终"失信于人"，自然也就难以在社会中立足了。

（2）迷信命运，坐等运气降临。现实中有些人宁愿去相信所谓的"鬼神说"，花费时间、精力在一些不切实际的事情上，也不愿意通过行动去成就自己想要的结果。这种"渴望奇迹"的观念越是根深蒂固，越会让奇迹与自己渐行渐远。

生活中，但凡把成功看成命运安排的人，要么是其本身已经有所成就，这种说辞只不过是他们的谦卑表现；要么就是过于愚昧懒散，总想着不劳而获，才会想尽办法为自己的无能找借口。只有思想和选择，才能左右自己的人生轨迹。如果好运降临，机遇也只会光顾有准备的人；那些毫无准备之人，就算良机来到眼前，也只能与它擦肩而过。所以，要想实现自我救赎，自我成就，就不能单纯地依靠外援，必须由自己来完成。

（3）轻信盲从，爱中圈套。"轻信盲从，爱中圈套"的人难有作为，这一点其实最容易理解。这类人不善区分真伪，没有独立思考的能力，又习惯盲目跟随行动。比如，看到某些点评，还没来得及求证，就轻易接纳别人的观点，并附和意见；或者秉承先入为主的观念，对与自己不一致的意见嗤之以鼻，不予理睬。

这些行为实质上是一种不具智慧且带有情绪化的表现。一旦别人给出的信息与实际不符，自己又盲目相信，被假象蒙蔽，落入陷阱，无异于是害人害己。真正能够在复杂的社会中游刃有余的人，往往是一些具有"批判性思维"的人。他们能够理性地看待身边的一切，对外界的观点与思维会进行质疑和评估，而不是盲目遵从。

（4）安于稳定，畏惧改变。人生在世，最残酷的"陷阱"就是现状，人生最可怕的事情就是安于现状，畏惧改变。只要有了这样的思想，自己的一切就会被束缚，原本可能会大放异彩的人生，也会变得碌碌平庸。

生活就像一碗即将沸腾的水，我们就是这水中的"青蛙"。贪图一时的温暖，忽略了水温的变化，当自己开始无法忍耐水温之时，如何应对这突如其来的变化？世事无常，变幻莫测，我们无法判断未来是什么样的一幅场景，所以在安逸时，要学会居安思危，不断提升自己。沉溺于当下的安逸，畏惧改变之后需要承受的后果，当你被生活抛弃的时候，也就没人会在乎你了。

平庸者"顺思维"PK成功者"逆思维"

世界上任何事物都具有相对性、两面性和多面性，有时候从另外一个相反的角度去考虑问题，往往就会得到出人意料的结果。

用多数人的习惯模式思考问题，得到的一定是普通的结果。另辟蹊径，换一种思维方式，就会跳出固有思维，从其他维度找到解决问题的新的思路和方法。

李帅之前在一家销售公司任职，一天老板开会研究如何扩大销量，要求大家畅所欲言，人们纷纷献计献策，建议在媒体加大广告投放力度。

老板听完，扫视会场："我可以加大广告投入，但是加大广告投入，销量没有达到预期上升，广告费用谁出？从你们工资绩效中扣除，可以吗？"

大家目瞪口呆，纷纷低头做笔记状，心中似千万头羊驼奔涌而过："果然是不当家不知柴米贵，绣花针也要当作铁棒子用。"你是老板，你说了算。

半年后公司招聘了一位销售经理，据说是行业内顶级高手。欢迎仪式上，老板顺势提出了增加销售业绩的方案，新经理同样提出加大广告投入的建议。

老板当着众人，怒视新经理，老生常谈："如果没有达成销售目标，谁负责，这笔广告费用谁出？你出吗？"

新销售经理，没有任何顶撞和迟疑："如果达不成销售目标，我愿意全部负责。"

接着，他又问了老板一个简单的问题，老板却哑口无言了。

半年后，新任经理成了公司销售副总。

逆向思维与习惯的固有思维最大的不同，就在于转变不同的思考维度，从不同的角度和方向思考问题、解决问题。

任何事情都具有双面性和相对性，也有你之所长和你之所短；任何事也都有你的优势和劣势，扬长避短，要从先把自己的固有思维放空，转变自己的思维方式开始。

与成功者、优秀者采取的"逆思维"相反，那些平庸的人都采取"顺思维"。面对困难时，他们会接受一件未做过的任务，做一件不熟悉的新事情；面临需要提升目标时，他们会面露难色在心里打退堂鼓，嘴里吐出"不可能"。他们喜欢用现有的方法、习惯、经验及资源条件，去看待与评估具有挑战性的新事情、新任务或高目标，认为不可能做到。

1.平庸者都有四种"顺思维"

（1）自我设限。受限于熟悉和习惯的事，受限于有多少钱办多大事，有什么条件办什么事。不愿意改进方法，不愿意做不熟悉的事，不愿意主动挑战有难度的目标。

（2）轻言放弃。一碰到挫折，就浅尝辄止，轻易放弃。

（3）缺乏系统思路。分析问题只看表层，解决问题的思路狭隘。不善于学习创新。

（4）非理性思维。受本能与直觉的操纵，比如，获利时，不愿意冒风险；面临损失时，人人都成了盲目的冒险家。

这些人很难改变自己的命运，甚至招来厄运。要想改变命运，必须先改变这种"顺思维"，培养"逆思维"。

2."逆思维"都有这样一些行为特点

（1）"应该"思维。做事先想应不应该去做，而不应该想能不能做。应该做的事，如面临责任、竞争、机会、危机，有条件的要做，没有条件的创造条件也要去做。做事不会按照自己的感觉与欲望来，而会先找做事做人的最高价值观与最高成功法则，以此为根据来推导出战略战术，做出选择。出发点错了，谁也帮不了你。

（2）"可能"思维。思维不要受限于现有的经验与资金资源条件，不局限于自己的方便、自己的既得利益。受限多了，思维就打不开，失去想象力与创造力。要自信，不说不可能。要超越自我，超越眼前，看到未来无限的可能。把自己的钱看成天下的钱，把天下的钱看成自己的钱。有此心态，胸怀与视野便无比开阔，世界到处都是你的路。

（3）倒推思维与穷尽假设。采用目标倒推手段、手段再倒推下一层手段，层层倒推层层解决的方式，并放开想象与视野，穷尽假设，敢学敢想敢试，多学多想多试。采用这样的思维方式，无论多高的目标，都可能找到正确的方向与正确的方法，都可能把天下假设成属于你的钱与资源，变成真正属于你的钱和资源。

（4）反求诸己思维。逆思维，是一种突破现状、超越自己与超越对手的跨越式发展核心思维方式，是一种具有原创力的、生生不息、用之不竭的文化资源。遇到问题时不要抱怨别人，先从自己身上找原因，从改变自己着手。让逆思维成为每个员工的一种精神力量，就有可能打造出一支干大事、攻无不克、战无不胜的队伍。

引导成功的思维方式

个人的思维决定了模式，个人的模式往往决定生活。

人与人之间的差异在很大程度上取决于他们的思维方式和认知。如果你想成为一个优秀之人，需要改进你的思维方式，改变你生活中的五种思维方式，并学会一种。

1.描绘梦想，不懈追求

（1）对未来怀有无限的追求。世上的一切现象，都由自己的心灵和思维方式决定。因心灵的状态，即思维方式的不同，人生和工作的结果就会发生180度的大转变。对未来抱有希望、乐观开朗、积极行动，是让工作和人生变得更好的首要条件。

（2）相信能行，开拓人生。首先要有愿望，比如，"想度过这样的人生""将来想要成为这样的人""想让公司这样成长"。不管遭遇怎样的艰难困苦都不气馁，都要以穿透岩石般的强烈意志去实现愿望。抱有这样强烈的、士气高昂的愿望，是成功的前提。

（3）强烈持续的"信念"，鼓起勇气。在商业领域，如果想挑战独创性的事业，常常会遭遇许多障碍。那些开创了前所未有事业的人，都是自己依靠持续的"信念"鼓足勇气、最终克服了障碍的人。在创造性的领域里工作，犹如在黑暗中摸索前行。在看不见前进道路的情况下追逐目标，就必须有照亮黑暗的"光"。这个"光"就是信念。

2. 美好的心灵必有好运

（1）追求人的无限可能性。每个人都拥有非凡的可能性，而能否发挥出这种可能性，则由努力程度决定。所以，不能因为自己没有钱或头脑不聪明而轻易放弃。重要的是，相信自己确实拥有无限的可能性，并不懈努力。正因为相信这种可能性，并不断努力，人才会不断进步。

（2）付出不亚于任何人的努力，专注于一件事。每当回顾自己的人生时，我都会意识到，正因为没有被苦难压垮，拼命向前，努力工作，才有了今天的自己。人在被逼入绝境、痛苦挣扎时，仍然以真挚的态度处世待人，就能发挥平时难以想象的巨大力量。

（3）点燃内心之火靠自己。想成就一番事业，需要巨大的能量。这种能量来自自我激励，来自熊熊地燃烧自己。不是等别人下指示，不是上司下了命令才工作，而是在这之前，自己主动要干，充满积极性，这样的人，就是"自燃型"的人。只要喜欢工作，不管多么辛苦，都会转换心态："先全力以赴、投入工作再说。"如果全力以赴并取得成功，就会产生很大的成就感和自信心，产生挑战下一个目标的愿望。在这样的循环中，人就会更加喜欢工作，越来越努力，取得卓越的成就。

3.拼命努力，坚持不懈

（1）认真拼命地工作。认真拼命地工作，会让人变得优秀。逃避艰难困苦的人，无法塑造优秀的人格。从年轻时就勤奋工作，不畏艰苦，锻炼自己，磨砺自己，就能提高心性，度过幸福美好的人生。

（2）一步一个脚印、反复地努力必不可少。人生仅有一次，稀里糊涂，虚度此生，未免可惜。每天究竟应该怎样度过呢？一步一步、不懈努力、持之以恒、精益求精。只要这么做，工作就能逐步提升，人生就能日臻完美。同时，这也体现了我们作为人的价值。

4.用正确的方式做正确的事情

（1）不管遇到什么障碍，自己必须正直。我常扪心自问："作为人，何谓做事正确？"若相信是正道，就要坚决贯彻到底。明知困难重重，也要执着地贯彻正道。这种真挚的态度一时可能会招来周边人的反对，招致孤立，但从人生这个漫长的时段来看，一定是善有善报，一定会带来硕果。

（2）敢于设定高目标，从正面挑战。要想实现高目标，就必须怀抱强烈的意志："无论如何也要瞄准峰顶，笔直攀登。"必须以垂直攀登的姿态进行挑战。不管多么险峻的山峰，都要坚持笔直攀登。

（3）能舍弃自我的人，才是真正的强者。不管遇到怎样的困难，都要拿出勇气从正面去解决。这是非常重要的。产生这种勇气的源泉，就是对对方的关爱之心。只要不顾自己的得失，全力为别人付出，真正的勇气就会涌现。

5.钻研创新，不断改善

（1）追求完美的态度带来自信。"贯彻完美主义"这一条，既是我自身的性格使然，也是创造性工作所得出的经验。当挑战从来没有人涉足过的研发课题时，最重要的就是充满自信。对自己的品格、技术以及对自身必须抱有自信，必须确凿无疑。缺乏自信，认为自己不可能完美，以半吊子的心态投入工作，对于结果也不会有自信。这样绝对无法从事创造性的工作。

（2）持有决不放弃、不屈不挠的斗争心。不管遇到怎样的困难，都要相信自己的可能性，决不放弃，坚忍不拔，持续思考，钻研创新。只有付出不亚于任何人的努力，才能打开困难的局面，获得成功。

（3）倾注全力于今天，从事创造性工作。全力以赴地过好今天这一天，就能看清明天；全力以赴过好明天，就能看清一周；全力以赴过好一周，就能看清一个月；全力以赴过好一个月，就能看清一年；全力以赴过好今年一年，就能看清明年。

第三章
顶级成功人士的自我跨越，离不开五大精进思维

独立思维：人生只有一次，要靠自己而活

"靠水水会枯，靠山山会倒。"过度依赖他人会让自己处于被动且不利地位，唯有靠自己才能掌握主动权，才是对自己的人生负责。

下雨的时候，自己带伞或者等待雨停是明智的选择，要是一直等待他人送伞，会让自己一直处在焦急中，因为你不清楚对方是否打心底里真心愿意送伞，也不清楚对方送伞的过程是简单还是艰难。自己能做的事情尽量不要麻烦他人，不管大事还是小事，总是麻烦他人，总有一天，对方会感到很累，这段关系也会因此走到终点。

河南省某乡村出现了一个令世人震惊的"巨婴"，他叫杨锁，被称为"中国第一懒人"。杨锁是个二十多岁的大小伙子，有手有脚，智力也没

问题。但在父母双双去世之后,他开始变卖家产、四处讨饭,成了一个名副其实的"巨婴"。

1986年,杨锁出生于一个贫困家庭,但他是家中的独生子,备受疼爱。

到了8岁的时候,杨锁应该上小学一年级了,但父母害怕他走路累,便用担子挑着他去上学。当地人看到这种情景,都无不为之动容。父母特别宠溺他,每当年幼的杨锁做家务的时候,便被制止并帮他完成。久而久之,杨锁的心理开始发生变化,他认为这一切都是天经地义。

但天有不测风云,在他13岁的时候,父亲患上了肝癌,并花光了家中的所有积蓄。但即使是这样,也没有挽留住他的生命。后来母亲因为操劳过度,在他18岁的时候撒手人寰。

不幸中的万幸,堂哥看到了杨锁的生活窘迫,没有看笑话,而是伸出了援助之手。他给杨锁介绍了一份工作,而这份工作足以让他解决温饱问题。但杨锁懒惰成性,根本不知道感恩,最终丢掉了工作,并成了亲属眼中真正的"废人"。

在走投无路之下,杨锁回到了家乡。他先是将家中值钱的东西纷纷变卖,甚至在冬季的时候将家具焚烧取暖。

当家中已经没有任何东西可卖的时候,杨锁不得不走上乞讨之路。很多人会给他食材,但他懒得去做饭,只挑能吃的吃。

2009年是一个"冷冬",加上持续的下雪,天气变得异常寒冷。堂哥想起了杨锁,拿着一些食物和保暖的衣被,冒着风雪来到了杨锁的住处。此时的杨锁蜷缩在角落里一动不动,早已没有了呼吸。

像杨锁这样的例子，现实生活中毕竟是少数，但着实令人警醒。

从呱呱坠地开始，每个人的身边或多或少地都会有庇护者。他们保护着我们长大，又慢慢目送我们远去。

人生是一场很长的旅途，能在我们身边从始至终陪到底的那个人，往往只有自己。能够在漫长旅途中，活成什么样子，也由我们自己决定。就像雏鹰要学会飞翔，需要自己走向悬崖，带着孤注一掷的勇气，径直跳下去。用九死一生的独立，赢得翱翔的自由舒畅。而翅膀在它前行的时候，便已经开始丰盈有力。

人的成长，亦是如此。总有一天，人们需要自己一个人去迎战世界。不管你有没有准备好，这一天都会到来。

而你的力量，也从开始学会独立的那一天，开始慢慢变得强大。成年之后，我们要对自己的人生负责，而不是依赖他人，不管是父母、另一半或者朋友，我们要减少对他们的依赖。

世上没有人能替代自我，不管你经历多大的悲喜，任何人都无法体验你的心情，只有自己才是自己人生的主人。作为主人，要对自己负责，要善待自己，要让自己独立，减少对别人的依赖，要努力工作，要懂得享受生活，保持好的心情。

能够独立的人一般有以下特点。

1. 性格坚强，不会轻易求助于他人

性格独立的人骨子里都有一股倔强的劲儿，他们不会因为一点小小的挫折就轻易求助别人，而是自己反复推敲，反复琢磨，拿出一种不服输的态度去把哪怕最细微的事情搞懂。他们从不轻易地依靠他人，更不会主动地让任何人来帮助自己解决难题。这种个性使得他们做事往往考虑得比较长远，且总能想出许多好办法。即使遇到再大的困难，他们也能沉着应对，最终使问题迎刃而解。

独立的人不愿意求助他人并不代表着他们执拗，钻牛角尖，只是他们会考虑得比较长远，小问题不需要别人的帮助也能够解决，即使遇到真正的难题，他们也能从别人的帮助中学到知识，独立解决以后相似的问题。

性格独立的人给人一种聪明的感觉，其实他们只是凡事亲力亲为，最大限度地避免了对他人的依赖。

2.消化内心伤痛的能力很强

一个真正做到独立的人，在生活和工作中总是独自面对经历的一切，他们会像老虎一样在夜晚独自舔舐着伤口，白天又会变成神采奕奕的凶兽，丝毫看不出前天所经历的种种不堪和伤痛。这正是由于他们具有强大的精神消化能力，可以将自己心中所有的委屈、痛苦、烦恼全部转化为力量，爆发出来，以一种新的面貌面对每一天的到来。

当遇到困难时，他们总能及时调整心态，不需要周围人苦口婆心的安慰，也不需要与亲朋好友大醉一场来寻求短暂的麻痹，他们有的只是沉默、沉思和消化内心伤痛的能力，而这种能力恰恰是一个人独立必须具备的。

3.不相信命运的安排

在遇到生活的磨难的时候，很多人会抱怨命运，但是对于独立的人来说，不管什么所谓的宿命，凡是自己有能力去尝试的，一定会去亲自尝试一番；即使以失败结束，也不会沉沦，跌倒了，拍拍身上的土，继续朝着人生的下一站再出发。

不存在所谓的命运安排，有的只是自己不断挑战生活上的种种磨难，用自己的双手创造属于自己的一片天空，所有没有经过自己尝试过的东西就不会让自己恐惧，他们心中只有一个坚定的目标，那就是自己的命运自己安排。

我们都在向往金钱自由、世间自由的生活，殊不知，在追求自由的过程中先要让自己独立，否则哪里来的自由？处处受牵连，时时受限制，不是自由，也不是独立，先要让自己强大，有向束缚说再见的能力和气魄。我们要做的就是提升自己，不断减少对周围的依赖，因为只有理解并付出行动的人，才能真正理解独立的含义。

努力思维：努力到无能为力，拼搏到感动自己

"努力到无能为力，拼搏到感动自己"，意思是努力到再也没有力气去放弃的程度，拼搏到自己都感动的程度。这句话常常被人引用来勉励、告诫他人或者自己去努力奋斗，拼尽全力，不留遗憾和后悔。

每一个风光的背后都饱含着辛酸，每一次成功的背后都离不了拼搏。人前的光鲜亮丽，都是由辛勤和汗水交织而成的。不要总是羡慕别人的

辉煌，别人再怎么辉煌都与你无关，你唯一能做的只有拼搏。

童第周是我国著名的生物学家。他出生在浙江鄞县一个偏僻的山村里。因为家里穷，他一面帮家里做农活，一面跟父亲念点儿书。童第周17岁才进中学，他文化基础差，学习很吃力，第一学期期末考试，平均成绩才45分。校长要他退学，经他再三请求，才同意让他跟班试读一个学期。

第二学期，童第周更加发愤学习。每天天没亮，他就悄悄起床，在校园的路灯下面读外语。夜里同学们都睡了，他又到路灯下面去看书。值班老师发现了，关上路灯，叫他进屋睡觉。他趁老师不注意，又溜到厕所外边的路灯下面去学习。经过半年的努力，他终于赶上来了，各科成绩都不错，数学还考了100分。童第周看着成绩单，心想："一定要争气，我并不比别人笨。别人能办到的事，我经过努力，一定也能办到。"

童第周28岁的时候，得到亲友的资助，到比利时去留学，跟一位在欧洲很有名的生物学教授学习。一起学习的还有别的国家的学生。当时中国贫穷落后，在世界上没有地位，中国学生在国外被同学瞧不起。童第周暗暗下决心，一定要为中国人争气。那位教授一直在做一项实验，需要把青蛙的卵的外膜剥掉。这种手术非常难做，不仅要有熟练的技巧，还要有耐心和细心。教授自己做了几年，都没有成功，同学们谁都不敢尝试。

童第周不声不响地刻苦钻研，他不怕失败，做了一遍又一遍，终于

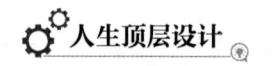

成功了。教授兴奋地说："童第周真行。"这件事震动了欧洲的生物学界。

看到自由高飞的雄鹰，我们无比羡慕，羡慕它可以自由地飞翔在高空中，在广阔的蓝天里，却不知道雄鹰想要获得自由翱翔的本领，要经过多次的磨难。在还是雏鹰的时候，第一次练习飞翔，就要从万丈高的悬崖峭壁上跳下去，途中不知道有多少次为悬崖突出的石块所划伤，就算受了伤，还要不停地振动着自己的翅膀。

没有人能随随便便成功。成功的背后，隐藏着许多你看不到的辛酸。取得好成绩看似容易，但背后是数年甚至数十年如一日的艰辛努力。任何成绩的取得、项目的突破，依靠的都不是个人的努力，而是一代又一代人的拼搏。

通往梦想的道路只能由拼搏铺就，无论项目是冷门还是热门，不论比赛最终结果如何，至少努力过，拼搏过。

1. 甘于享受孤独

人生想要获得成功，必须得忍受住孤独。别人在休息时，我们还要默默努力，忍受孤独，熬过最艰难的时光，将会比别人取得更大的成功。

2. 可以忍受痛苦

人生道路并非一帆风顺，一路上难免会有很多坎坷、泪水、痛苦。痛苦之后往往会有两种结果：一是委靡不振；二是更加强大，在经历痛苦之后究竟是委靡不振还是更加强大，取决于我们是否能挺得住痛苦。

3. 顶得住压力

没压力就没有动力，但多数人在面对压力时却常常因为害怕而选择逃避和放弃。只有摆正心态，坦然面对压力，才会给我们的成长和发展注入无限动力。

4. 挡得住诱惑

生活中处处存在着各种各样的诱惑，定力不强，会让自己迷失前进的方向，陷入短暂利益的旋涡中。面对种种诱惑，我们要坚持正确的原则和理想，才有可能成功。

5. 经得起折腾

大多数成功的道路都不会平坦，无论经过多少次跌倒，都要有足够的勇气站起来。经得起折腾的人才是命运的强者。

6. 丢得起面子

面子是自己给自己的，不是别人给的。害怕丢面子，只能打肿脸充胖子，会让自己更加痛苦，从而丢掉更大的面子，让自己陷入一种恶性循环。

7. 提得起精神

废寝忘食，闻鸡起舞，头悬梁、锥刺股，古人告诉我们：如果想获得一个东西时，就该有孜孜不倦的精神去追求。长时间面对同一件事情，难免会枯燥；付出长时间的努力却看不到结果，难免有抱怨情绪，而真正能成功的人，都能迅速调整状态，提起精神进行再一次的冲锋。

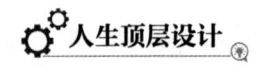

实践思维：身体力行是最好的学习方法

春秋战国时期，秦国有个人叫孙阳，是个识马专家，人们尊称他伯乐。

为了把自己的知识和经验传出去，伯乐写了一本书，名为《相马经》。他的儿子天生有点笨，也想成为识马专家。于是，将书背得滚瓜烂熟后，就自信满满地去找马，最终找到了一只癞蛤蟆。

他将癞蛤蟆拿到伯乐面前，说："老爸，看我把千里马找到了。"

伯乐看后哭笑不得。

这就是"按图索骥"的由来。

人类用书或图来传播知识，一本书写的内容有限，不可能把所有东西都写下来，也不可能全对。马克思说："实践是检验真理的唯一标准。"为了考试，很多人把这句话背得滚瓜烂熟，却从来不去实践，就知道扯开嗓子背，然后用在自己身上就把这句话忘了。

书籍是人类智慧的结晶，是人类进步的阶梯。开卷有益，读书好处多多。从认识论角度来说，书是人类社会实践经验的总结，是人们认识成果和实践成果的载体。读书可以让人保持思想活力，让人得到智慧启迪，让人滋养浩然之气。总的来说，读书多多益善。但是，多读书不能死读书，死读书不如不读书。

书本知识是相对稳定的，实际情况是不断发展变化的；书本知识讲的是带有普遍性的共性问题，不可能完全涵盖千差万别的个性问题；书本知识多是抽象概念的理论，实际生活中正在发生的是生动鲜活的实践。

太阳每天都是新的，河里的水时时不同，世间万事万物无时无刻不在发生变化。人们对客观世界的认识有正确与错误、深刻与肤浅之分，对事物的认识也不是一次完成的，而是一个不断接近真理的永无止境的过程。脱离实际去照搬照抄书本上学到的知识，只会使自己的工作陷入被动和尴尬境地。

学习包括读书和实践，读书只是学习的一个环节、一个部分，而不是学习的全部，将全部精力用在书本上属于本末倒置。将学习等同于只读书，就会面临书太多而人的精力有限的矛盾，因为一个人穷尽一生也无法看完所有的书。

一个人的生命时长是有限的，精力旺盛的时光更是短暂，只投放在书海中，就会挤占社会实践的时间精力，进而会导致人的办事能力变弱。只投身在读书上，还容易使人知行脱节。脑中思考过、口中讲过、书本上见过，都只是形成对事物的认知，不足以支撑行为的转变，遇到事情后依然是已经养成的行为习惯在起作用，很容易导致知行脱节。更严重的是，只读书而不活动，还会严重损害人的身体健康。

实践是知识的最重要来源，行中蕴含知，行可以检验知，不经过实践活动，就难以获得真正有用的知识。学习必须经过练习实践，只进行思考和读书，则无法真正掌握知识。

聚焦思维：学千招，不如绝一招

先讲一个小故事：

小李在30岁前做了很多份工作，每份都不超过2年的时间，他总是不停地在更换岗位和单位。刚过30岁，家里催着要二胎，小李有点喘不过气来。房子刚付了首付，除了要供房，还要负责平时的日常开支，几乎拿不出任何钱来。对于很多人来说，30岁就是一个分水岭，"闹钱荒"属于正常。关键是小李在择业的时候陷入迷茫状态，自己也不知道究竟要做什么工作。

小李的情况，很多人都遇到过。从事的工作太多，什么都干，最终什么都不专业。随着年龄的优势慢慢失去，论干劲和激情不如二十几岁的年轻人，30岁之后也将成为企业淘汰的人选。这是典型的缺乏聚焦思维。

"学千招，不如绝一招"，学会聚焦思维，就会少很多麻烦事。不要什么东西都要自己学，只要在某一方面比别人强，把你的全部精力投入在愿意为之奋斗的事情上，就是聚焦思维。

社会分工越细，对专业技能的要求越高。对于企业来说，有自己的特色，就能在风云变幻的市场竞争中生存下来。企业间的竞争说到底是人才的竞争，准确地讲，应该是专业人才的竞争。所以，对于员工来说，专业技能越高的人，越会受到企业的欢迎。

生活中有句俗语"艺多不压身"，这句老话在时代巨变后，就很有局限性了。如同下面这个案例一样，听了她的故事，才能领悟到：有很多技能并不是件好事，不仅分散精力，还将一事无成。

有一个女孩大学时候学的是英语专业，和很多同学一样，她对未来充满了迷茫，不知道自己以后该如何在职场发展，因为英语只是一门语言，作用仅限于交流，很多非英语专业的人都能比较熟练地掌握这门语言，都能很好地用英语交流。

为了使以后的路子更宽阔些，女孩修了第二专业，学了经济学，希望以后的双学位有助于自己在职场上发展。后来，她还准备参加教师资格考试，希望自己毕业后进入学校教书，这样，以后的就业路子就会非常宽。

那段时间，女孩非常忙，业余时间不是去经济系听大课，就是准备考取教师资格证书。

女孩以为父亲会对她大大表扬，但没有想到，父亲却说："你的英语好到不需要学习了？现在又是学经济学又是准备考教师资格证的，你把时间和精力都分散了。记住一句话——瓶子里装酒就不能装酱油，人生需要舍弃一些东西坚持一些东西。"

父亲的话让女孩醍醐灌顶，她很快停掉了经济学的研修，放弃了考教师资格证，一门心思学习英语口语。毕业后，她进入了一家翻译公司上班。周末，她去一家英语辅导学校给大家讲授口语。

经过两年的自我提高，女孩的英语达到了同声传译的水平。后来，她跳槽到一家大型翻译公司上班，经常被公司派到一些大型商务会议或国际性的行业会议上担任同声传译。因为业绩好，客户满意，公司很快就提高了她的工资，第二年她的年薪已经拿到七十万元，很快以按揭的方式在上海买了住房。

又过了两年，女孩提前还清了房贷，然后买车、结婚，生活还算满意。如今，她每年实际只需要工作四个月，年薪就能达到八十万元。

近些年就业形势不太乐观，女孩在职场中算是发展顺利的一个，这主要得益于父亲当初的教诲，使得她把时间和精力用在"专攻"英语口语上，使得在这方面领先于许多人，使得在口语方面占得优势。

如今很多行业进行细化，远远不止三百六十行了。职场对"精通"要求很高，以前的那种"样样通但是样样松"会被职场排斥和淘汰的。只有集中时间和精力把某项技能学精通，才有可能在职场中打开一扇大门。

虽然说技多不压身，但至少应该有一门专攻的精炼技能，才能在社会上打拼得如鱼得水。

对于个人的事业来说，最大的危机就是业不精专。街头上风里来雨里去的修鞋匠，虽然没什么文化，但是凭着自己的手艺，却可以养活一家人。所以，社会不要求我们是"通才"，但一定要是"专才"。行行出状元，只要拥有一技之长，就可以成为一个行业的精英，成为企业永远需要的人才。

只要拥有"一技之长",就拥有了一个"绝招",有了竞争的资本,有了就业谋生的手段。所以,"千招会"不如"一招绝"。万事都精通的人固然招人喜欢,看起来很博学,但在有限的时间里,修炼太多的技艺,反而难以达到高深的地步,只能是蜻蜓点水似的略知皮毛而已。

跃层思维:摆脱低层思维 实现阶级跃层

与什么样的人同行,就会有什么样的人生。谓之"近朱者赤,近墨者黑",一个人想要有璀璨的人生,必须脱离"底层思维",选择与有德之人同行。

面对同样的境遇,高层次的人往往占有优势。他们不仅能够温暖自己,还能够照亮他人;低层次的人,往往连自己的问题都处理不好,更不要提帮助他人了。而个人层次的高低,在很大程度上受思维模式的影响。所以,要想活出高层次的生命,首先要自觉远离那些低层次的思维模式。

1.远离懒惰人群

世上智商低的人是真的智商低吗?除了原生病因,其他都是因为懒造成的。比如,做题,明明再深入一点就能解出答案,因为懒,不愿意动,于是就解不来。是笨吗?显然不是。因为懒。

成为人上人,是每个人都渴望的。面对通往顶峰路上的种种困难,懒惰的人常犯的思维错误就是，心动，身不动。懒惰的人，总会给懒惰找来借口，一日立三志，志志皆枉然。

有个年轻人身没一技之长，四处找工作无果，却想做一个健身教练。早上做了几个引体向上，觉得手太痛了，想着还是回家写点东西吧，说不定会成为作家。文章写了个开头便写不下去了。他心想自己不是那块料，还自我安慰：及时止损。

看人家理发简单，年轻人又心生一计，去学理发吧。学了几天又回来了，说头发落在身上很痒。睡到半夜，突然灵光一闪，何不去学做生意？……结果，十几年过去了，年轻人什么也没有学会。

人一懒惰，就会导致意志薄弱；意志不坚强，往往又导致缺乏行动和执行力，成为语言的巨人、行动的矮子。这样的人，就算给他一场富贵，他也得不到。

跟这类人待得久了，也会变得懒惰。就算不变懒，因为观念不一致，你看不惯，心情也会跟着烦躁不安。哪还有心思追求上进？所以，我们要远离这类人。心动，身不动，生活是不会给你任何阳光和雨露的；身和心行动在一个频道上，才会得偿心愿。

2. 远离不求上进的人群

行为学上有个奇怪的现象，叫"互逆现象"。不求上进的人，不一定是懒惰的人，但懒人一定是不求上进的人。曾经上进的人，由于某种原因受到生活的打击，变得萎靡不振，意志一点点被消磨，最后也会变成懒惰的人。

不求上进的人，不敢直面风雨的磨砺，只会把自己圈定在自设的套子里，甘愿浑浑噩噩地生活，最终沦为"底层思维"拥有者。我们也要远离他们。

老家有个叫刘老七的男子，婚后勤勤恳恳，工作起早摸黑，虽存不了多少钱，但生活还过得去。自从老婆跟别人跑后，他就完全变了一个人。他整日里窝在床上，肚子饿了，就把家里值钱的卖了换粮食。最后，连煮饭的锅也卖给了收"破烂"的人。

在村里待不下去了，刘老七就跑到镇上跟另外一个"刘疯儿"结成伙伴。白天沿街乞讨，晚上就住在大桥下。从精神上来说，他是健康的人。之所以变得疯疯癫癫，无非就是麻痹自己，给不求上进寻找一个借口而已。

在岁月中跋涉，哪能事事如愿？遇上失意的事情，要振作起来，想法子争回这口气，才是正确的选择。

自然界没有风风雨雨，大地就不会春华秋实。既然活在当下，便学着去适应生活。妄图安逸享乐，生活定会给你一记重锤。经受不住生活的考验，一蹶不振，也会变成对社会无用的"废人"。

3.远离格局小的人群

什么是格局？格局就是一个人的胸襟。俗话说，"宰相肚里能撑船，将军额头可跑马"，说的就是一个人的格局。你有多大的格局，就能成就多大的事业。格局是一个人综合素质的体现，而格局小的人，注定不会

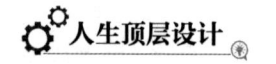

有大成就。

刘叔这人喜欢斤斤计较，格局有点小。前些年房子拆迁补了一点钱，跟家里一合计，准备开一个火锅店。

多数人选择店址，都会选人多热闹的地方。刘叔却贪图便宜，找一个背街的小巷。不仅人少，还阴暗潮湿，他的理由就是美味出在小巷子。但现实是，其他小巷子都灯火辉煌，这里却黑灯瞎火一个顾客都不愿意来。

火锅店算开起来了。刚开始，味美食材足，朋友亲戚都来捧场，生意还不错。做了一个月，刘叔动了心思，为了多赚钱，火锅底料里的牛油少放，甚至不放。殊不知，老火锅少了牛油就少了灵魂。

果不其然，没过几个月，来吃的人慢慢就少了。顾客一少，食材存放的时间就久，肯定不新鲜，恶性循环就来了，顾客吃了变质的食材，哪能对味？到最后关门收场。

格局小的人，胸襟小，注定很小气，喜欢在一些鸡毛蒜皮的事情上大做文章，简直就是浪费生命。他们眼光短浅，没有长远的规划和分析，只注重眼前的利益，不顾长远的发展。但再大的烙饼，也大不过烙它的锅。眼前的成绩，不能评判一个人的最终能力；只有思维格局，才能最终决定一个人的人生。

第四章
顶级成功人士的和谐人际，需要五大处事思维

诚信思维：人无信不立

诚信自古就是一个人的立世之基。成功与诚信有很大关联，许多成功人士之所以能够取得常人想都不敢想的成就，最主要的原因就是他们能把诚信当作自己的信仰，从始至终地坚守诚信原则。

池莉曾经跟一家出版社签约创作一部小说，距离交稿日期不到十天的时候，电脑出现故障，自己倾心写的十几万字的初稿顷刻间荡然无存。但是池莉想着，既然承诺了按时交稿，任何理由都不能成为拖延交稿的借口，因为一旦违约，不光跟出版社的合作机会没有了，连自己建立起来的声誉都可能毁于一旦。

她下定决心，一定要在十多天赶出整部小说。于是，每天都殚精竭

虑、废寝忘食地写作，终于如约完成了整部小说的初稿。因为过于劳累，人也瘦了整整一圈，双手因为敲击键盘频次过高，以至于都变得麻木而不听使唤。

出版社知道了她的这段经历，深受感动，编辑们都为她这种诚实守信的品格所折服。

这就是凭借好的诚实品质，给自己赢来的荣誉。池莉的故事告诉我们：不管什么事，不要轻易许诺，但只要承诺了，就一定要做到，不能有任何拖延的借口。

诚信乃做人之本，为自己建立了诚信的口碑，就像为自己的不断发展装上了助推器，才会得到更多发展机会。不将诚信作为自己立足的基本准则，最终将会落得出局的下场。个人在职场一次的诚信背弃，就可能会成为其终身的信用污点，导致处处碰壁。

小杨是法国某名牌大学留学生，成绩一直非常优异。2007年毕业后，他留在了法国，打算在法国开拓自己的事业。按理说，这样一个高才生应该很容易找到理想的工作。然而，小杨的求职路却充满障碍。尽管他拜访了很多家大公司，却不明缘由地被婉拒。他不得不降低要求，狠狠心选了个小公司去应聘。出乎意料的是，这个小公司居然也拒绝了他。

小杨终于忍无可忍，决定不问个水落石出不罢休。面对小杨的质问，对方表现得出奇安静，嘴角还若有若无地挂着一丝冷笑。他从电脑人才档案文件夹里调出一份资料——这是一份诚信记录。小杨略略扫了两眼，羞愧得一言不发，逃一般地离开了这家小公司。

原来，小杨大学期间曾在法国某知名烟草专卖店兼职做营业员，表现非常不错。然而，就在将要结束兼职生涯时，犯了一个致命的错误。那一天，店内其他人员临时有事离开，生意也挺冷淡。百无聊赖之中，小杨的烟瘾犯了，四顾无人之下，不由自主地就将柜台中的一盒名贵香烟揣进了自己的兜里……店主似乎没有发现，许多天过去了，也没有人追查，小杨庆幸和得意了一阵子。然而，小杨不知道的是，当他把手伸向那包香烟时，店内的摄像头捕捉到了他的举动……小杨万万没有想到，自己奋斗多年，最后竟然输在了这次香烟事件上。

诚信就是生存法则，失信会给我们带来很严重的后果，做任何一件事情我们都要诚信于人，要严格要求自己，建立良好的个人信用。

古往今来，都是以诚为美，以信为金。王充《论衡·感虚篇》上有句关于诚信的至理名言："精诚所至，金石为开。"众所周知，天赋、运气、机遇、智力等因素对于个人的成功非常重要。但是，如果仅仅有这些条件却没有诚信的品德，是不会成功的。最多只能是昙花一现而最终一败涂地。

没有诚信的人在哪里都不为人所尊重，更别提成为成功人士。只有诚信做事的人才能受人信任，轻松地与他人交往，毕竟无论遇到任何好事坏事，诚实的态度都能受到他人尊重，上升时有他人助力大展宏图，下落时能有他人的援手脱离困境。

作为当代青年，我们对自己所做的事情、所说的每一句话要负责，

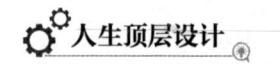

答应别人的事情我们一定要完成，在自己的脑海里要时刻有时间观念，这样我们才能建立起自己的信誉。

尊重思维：要想赢得他人的尊重先要尊重他人

孟子有云："爱人者，人恒爱之；敬人者，人恒敬之。"事实上，这说的就是尊重别人的重要性。也就是说，一个人若是在和他人交往过程中，能够尊重并理解他人，必然能得到他人的尊重和理解，这是高情商与有教养的体现。

现实生活里，人们最害怕的就是自己的自尊心被伤害，伤害自尊心比伤害肉体更痛，受伤期更久。"自尊心受到伤害"所发挥的反作用力，一般也是非常大的，有时甚至是毁灭性的、灾难性的，反之给予人自尊是非常可贵的，是令人印象深刻的。

一天晚上，商人和助理在街上散步，看到路边有一个打扮得像乞丐的人正在向路人兜售手里的铅笔芯，看着十分可怜，便让助理给他10美元，然后离开了。但是没走几步，商人又和助理转回来了，商人拿了一盒铅笔芯说："刚才真不好意思，我太着急了，忘了拿我的铅笔芯。"说完，商人郑重其事地说了一句："你跟我一样，都是商人，加油，小伙子。"

一年之后，在一个商贾云集的聚会上，一位打扮入时、风度翩翩的年轻人激动地握住商人的手说："您可能不记得我了，但我却忘不了您，要不是您对我的鼓励，给了我自尊和自信，我可能还把自己当成推销铅笔的乞丐，不会成为今天这个小有成就的商人。"在座的人听了年轻人说的话，都不由自主地鼓起了掌。

商人用自己对别人的尊重换来了别人对自己的尊重。这告诉我们，尊重别人，即使一个毫不起眼的小人物，也能唤醒内在最高贵的良知。

尊重不仅可以消除彼此之间的隔阂，也可以给他人留下良好的印象，机会自然也会降临，帮助自己走得更快更远；不尊重他人，很容易导致彼此之间冲突不断，最后只能分道扬镳。

1.尊重别人是合群的最好方式

懂得尊重代表一个人的教养和品质，也代表着他能否在交际圈中长久生存。生活中大多数人不合群的原因是他们喜欢随意评价别人。真正合群的人知道哪些话该说，哪些话不该说，在一个群体里遇到欣赏的人，便把他当作未来可以同行的朋友；遇到不喜欢的人，就要努力尝试着去理解，无论自己能力有多强也都考虑别人，放下自己的身份来尊重身边的人与事。总试图与他人站在对立位置，或用自己的标准来要求别人，即使他不停地更换群体，依旧没有合群的希望。个人时刻为对方着想，不抬高自己为难他人，他不仅能够合群，而且到哪里都会获得尊重。

2.真正优秀的人会尊重别人的三观

生活中由于三观不合而无法相处的例子屡见不鲜，无论是伴侣还是

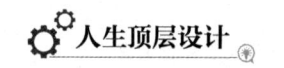

朋友，究其本质无非是不尊重对方的三观而引发争执。这个世界上没有绝对的正确，真正优秀的人懂得尊重别人的三观及其衍生出来的思考方式，并且可以通过不同的角度理解世间万物，而当我们习惯站在别人的角度考虑问题，对方也会在我们需要之时给予帮助。人生就是一个不断求同存异的过程，尊重别人的不同之处，别人才会尊重自己独特的地方。

3.尊重别人，就是尊重自己

现实生活中，每个人都拥有自己独特的生活习惯和思维方式，虽然我们无法保证所有思维和习惯都是正确的，但当我们选择用谅解和尊重来面对他人的习惯时，其实就已经栽下了供人乘凉的大树。

对别人的生活方式强加指责之词的人，肩上始终背负着沉重的包袱，而当我们用广阔的胸怀去包容别人的举止，用善良的心灵去感悟别人的行为，用宽容的胸襟去善待别人的言行，如此是否也获得了些许生命之中的美好情感呢？

4.尊重别人是一个人的教养

懂得换位思考，顾及别人的感受，才会赢得别人的信任和支持。

生活好似一条五彩斑斓的河，这条河里因为有了形形色色的人而充满生命的活力和生活的欢歌，因此要把尊重待人的善良融合到这条美丽的生命之河中去。

（1）尊重别人的隐私。每个人都有一个不想被他人知道的私密，也可以是一个不想被他人侵占、只能属于自己的领域，因此，我们要尊重他人，不要踏进那个被人禁止进入的领域。

（2）尊重别人的生活方式。每个人的生活方式都不一样，无论别人的生活方式你有多么地不认同，都不能为此怨恨他人，因为你没有资格。懂得尊重别人的人，就会懂得尊重他人的生活方式。

（3）尊重别人的工作。无论他人的工作多么不好，也不能讽刺他人，取笑他人。你有工作，别人也同样有工作，一定要尊重他人的工作。

（4）尊重别人的爱好。爱好是多样化的，大家的爱好各不相同，也各不相干，不能因为自己的爱好就强迫他人喜欢，也不能因为不能理解他人的爱好，而到处说别人的坏话。爱好的不同是他人特点的不同，我们要尊重他人，也要尊重他的所爱。

缺憾思维：接纳他人的不完美

相信你肯定也听过这个故事：

大师临终前想找一个继承人，就让两个徒弟去树林找一片最完美的树叶。结果，大徒弟带回来的树叶不是很漂亮，他说："我没有找到最完美的树叶，就带回来还算完整的一片。"

二徒弟一直惦记着最完美的树叶，在树林里转悠了大半天，最终空手而回，他对师父说："树林里的树叶很多，但我没看到完美的。"

最终，大师没有言语，将衣钵传给了大徒弟。

为什么会这样？世上本来就没有完美的树叶，总是盯着事物的瑕疵穷追猛打，是一种低级的体现。做人也是一样，你我皆凡人，谁都有缺点，总要求别人尽善尽美，是极其没教养并且不道德的行为。

接纳对方的缺点，才能和谐美满地相处。当你看到别人的不完美，能够真正接纳时，当你意识到不完美从来就是生活的本质时，当你清楚明白不干涉才是人最大的美德时，你就会发现：做一个有修养的人，原来如此简单。

西汉名臣丙吉的车夫喜欢喝酒，在一次随丙吉办事时，因醉酒吐在了车上。下属想要开除这个车夫，丙吉却说："原谅他吧。他只是弄脏了草席而已，因为这个错误就让他离开，他要去哪里讨生活呢？"后来，车夫在归家途中发现边境骑兵传送紧急公文，他便去骑兵休息的驿站打探军情，得到了匈奴入境的情报后，立即汇报给丙吉。

不久后，皇帝同时召见丙吉和御史大夫，向两人询问了匈奴入侵的情况。丙吉对答如流，受到皇帝称赞，御史大夫因不了解敌情，而受到了责罚。丙吉感慨说："每个人都有各自的本领，对他们的缺点还是要宽容以待。如果这次不是车夫为我带来的情报，我又怎会获得皇帝的赞赏呢？"

丙吉包容了车夫的缺点，换来车夫对他忠心耿耿，鞍前马后。

世上有很多有缺点的普通人，包容别人的缺点，理解别人的不易，不光是一种修养，更是一种格局。总是揪着别人的错误不放，放大别人的缺点的人，大多数是为了宣泄自己的情绪。真正有教养的人，都懂得善意包容。

《过庭录》中也说："以责人之心责己，恕己之心恕人。"用体谅自己的心态去宽待他人，以苛求别人的条陈来严以律己。如此，亦能修身养性，相得益彰。每个人都是不完美的，要学会接纳对方的不完美。

1.你的接纳会让他变得完美

看到对方缺点时，如果你能学着去接纳，或许会让他意识到你的付出，从而在平时对于自己的缺点方面也会开始注重，不断改善，总有一天他会摆脱掉自己这个缺点，变得完美起来，这就是你的功劳。所以当你能够开始接纳对方缺点的时候，或许就能够让他开始变得完美起来。

2.对方做得不好，你可以提醒他

在恋爱的过程中，如果发现他有做得不好的地方，可以适当地提醒他，而不是严厉地斥责他。因为你的提醒或许可以让他意识到这个问题，在以后的交往过程中他会注意这方面。但是如果你以斥责的方式来责令他，会让他感到反感，从而对于这方面的问题不但没有重视，而且可能会肆无忌惮地犯下去。所以只有你能够从为他着想的角度出发让他改正缺点的话，他才能够达到真正改正的效果，所以你提醒他的方式是很重要的。

3.发现对方不完美，多看看他的优点

在交往的过程中，发现对方有不完美的时候，可以多看一看他的优点，让他的优点来掩盖掉他的缺点，这样的话你们两个人的交往才能更加长久；如果你每天眼里只有他的缺点，他在你心目中的形象会变得越来越差，会严重影响到你俩的感情。

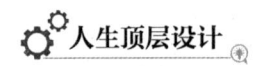

与人相处时，不要过于苛刻。

一是不要要求对方变成你喜欢的样子

与人相处的过程中，对对方不要过于苛刻，尤其是不要让对方变成你想要的样子，这样对对方来说是不公平的。不要因为自己的喜好而一味地要求对方为你做出改变，因为每个人都是独立的个体，都有各自的特点以及吸引别人的优点，所以不要为了自己的喜好而改变对方。

二是不要挑对方的缺点

在与人相处的过程中，最忌讳的就是不断地挑他的缺点，让他的缺点不断展露在你的眼前。每个人都不是完人，既有缺点也有优点，每天只看着他的缺点，会严重影响你们俩的感情，因为在看待他缺点的问题上，你会不断地深挖，他在你心里的印象会越来越差，导致你们两人出现隔阂，最终以分手的方式来结束这段感情。

三是不要为难他人

与人相处中，不要为难他，因为每个人的起点虽然是不同的，但是在对待感情的过程中，每个人都付出了自己的努力，想要通过自己的努力来让这段感情更加长久，所以在与人相处的过程中，不要为难他，不要为了自己的心情想要让对方为自己做很多的事情，这样是不公平的，你要换位思考，要从他的角度去体谅他，这样才能够让你俩的关系更加长久，不要一味地去为难对方，你不仅是在为难他，同时也是在为难自己。

让步思维：适当妥协，也是与人相交的秘诀

有些人常常为了一些小事情斤斤计较，为了不让自己吃亏而咄咄逼人。其实，一味地与人争执，只会将自己陷入困境当中，浪费时间和精力。而在此刻，适当的退步，反而会柳暗花明，豁然开朗。

在清朝康熙年间，有一位赫赫有名的大学士张英收到了一封家书，信中写道："邻居家中要盖新房，想占用家里三尺地。"家里人希望张英动用自己的关系来解决这件事情。张英看完信后，只回复了28个字："千里家书只为墙，让他三尺又何妨？万里长城今犹在，不见当年秦始皇。"

家人收到信后，瞬间明白了张英的意思，于是主动提出要让给邻居三尺地，邻居见张英家主动退让，倍感愧疚，也让出了三尺地，这便是历史上著名的"六尺巷"。

曾听到一句话："让人三分不吃亏，容人三分无损失。"人与人交往，总会有或大或小的摩擦，但每个人的处理方式千差万别。有的人会选择和陌生人发生争执，丝毫不让步；有的人则会选择适当退步，从不和对

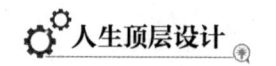

方一般见识。让步并不是软弱，而是一种做人的智慧。

退一步海阔天空，心宽一寸，路宽一丈。任何事物，都会随着时间的推移而成为过去，下一刻又成为崭新的一天，不必纠葛，自生欢喜，用心过好每一天，才是正道。

让，是一种处世之道；让，是一种胸襟涵养；让，是一种高尚品德。当我们学会让的时候，摇摇头笑一笑，告诉自己算了，有的时候退一步避免纷争，何尝不是让自己海阔天空？学会让步，终会让小瞧你的人自惭形秽，让珍惜你的人更加珍惜。

做人难，难就难在进退之间，不知如何抉择，有人说退一步海阔天空，也有人说让一步越想越气。其实，是进还是退，是争还是让，都要视具体情况而定，那么，在哪些情况应该选择退让呢？具体来说，做人，真正聪明的人，都懂得以下这九种退让的智慧，做人，要懂得"退让"，牢记这九种处世天规，人生会越来越顺。

1.为了更好地进，可以暂时地退

有时，进的过程中，会遇到困难和挫折，遇到难以过去的坎，或者遇到强大到难以战胜的对手时，就可以选择暂时的退让。这种退让不是吃亏，不是放弃，而是战略性的撤退，暗中积蓄力量多加准备，以待时机再更好地进。一定要注意避免蛮打硬拼，不要把自己逼入绝地，不要让对手恼羞成怒来对付你，这样很可能会让你损失惨重。

2.面对无关紧要的事情，要退一步

与人相处时，退让可能会让你损失一些东西，却可以避免与人争、得罪人的局面。尤其是损失的东西无关紧要时，更不能斤斤计较，不妨选择退让，吃点小亏，以赢得良好的人缘。

3.不能硬撑的时候，就果断退让

为人处世，与他人交往，**难免遭遇碰撞**，有时对象可能就是你的上司，甚至是你的父母，这个时候，选择硬撑，钻牛尖角，要么是鸡蛋碰石头，要么是不知尊卑、不懂孝道的体现。这时，就要果断退让，绝对不要硬撑，这于人于己都好。

4.做错了，就要退一步坦率道歉

"人非圣贤，孰能无过"，如果确实是你做错了，就应该退让一步，主动承认自己错了并道歉，这样自己其实并没有什么损失，却还能获得别人的喜欢，何乐而不为呢？

5.别人情绪激动时，不妨先退让

人在情绪激动时，容易失去理智，说出过头话，做出过头事，这时，你如果选择与其硬杠，那无疑是下下之策，即使要与其争，也要懂点兵法的谋略，避其锋锐，等到对方情绪稳定，或者气势渐弱时，再予以反击。

6.适当让步可以拉近彼此之间的距离

面对比自己地位低或不如自己的人，有时也要懂得退让，不能总是咄咄逼人，你先做出退让的姿态，往往能让对方产生你平易近人的感觉，更容易亲近你、支持你。

7.功成名就时当退则退

功成名就时，一定要见好就收，这样才不会为人所忌，功高盖世又不善于退守或者自以为天下太平就可安逸享受、坐享其成的人，或是目空一切，只能是兔死狗烹的结局。

8.退要谨慎，思要周密

很多时候你都可以选择退让，但绝对不能妄退，否则一失足就可成千古恨，退让之前，一定要思虑周密，考虑清楚后果，以及该怎样退、退到哪里等具体方针，做到有的放矢。

9.进退之间，掌握主动权

进退之间，不是由别人决定的，这一点一定要谨记。如果你的退让是别人操纵的，而自己没一点反抗之力，没做好一点准备，结果只能是"真退"，一退再退甚而不能再进。

忘却思维：宽容以待，忘却恩怨

人在社会，每个人都斤斤计较，有时候吃了一点小亏就急着找人理论，被人说了几句就不服气要上去干架，无论是哪一种情况，结果吃亏的还是自己。

俗话说，"宰相肚里能撑船"，有些事，只要不触碰到自己的底线，不妨大事化小，小事化了。

莫言在演讲时说过自己小时候的一件事：

有一次他和母亲跟着众人去地里捡麦穗，看守麦田的人来了，捡麦穗的人纷纷逃跑，母亲由于跑得慢被抓到了。看守麦穗的人先是给了她一个耳光，然后再没收了捡到的麦穗。多年后，莫言在集市上遇到了当年看守麦田的人，他已成为一个白发苍苍的老人，于是想上去报复他，却被母亲拉住了，母亲平静地说："那个打我的人与这个老人不是一个人。"

一句"不是同一个人"既简单又富有哲理，既对别人宽容，又教育了莫言做人应该不计前嫌。

在生活中，我们总是活在自以为是的梦里，经常被那些"有怨报怨，有仇报仇"的话语给洗脑，殊不知，怀着一颗宽容的心来为人处世，是每个人都应该具备的智慧。

有些人会说，什么都让，岂不是成了傻子让人随意拿捏？其实，这世上哪有真正的聪明人跟傻子？常言道"吃亏是福"，你有亏让别人吃，说明别人眼红你，他的生活水平远比不上你，所以只能通过耍一些小聪明来占你的便宜。

人心如路，越计较，越头疼；越宽容，越看淡。当你修成一颗宽容的心来看人和事时，你会发现，原来每个人都只是在努力地活着，只是方式不同，所以会采用不同的手段来应付生活，仅此而已。

包容心强大的人，对别人的要求不高。不是看不起别人，而是接受别人犯错。在不断的失败和错误中，才能找到正确的道路，给予别人犯错的机会，就是给予别人进步的机会。有时候，对别人要求高一点是好的，但并不是每个人都能接受得了这样的严厉，更多的人还是希望遇到一个中立点的人，一半严厉一半和蔼。

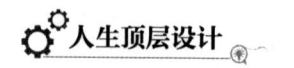

包容心强大的人，会接受人生中遇到的各种苦难。他们会通过信赖、信任、赞扬、鼓励等方法，使双方的关系变得更融洽，让他人对你的包容心生敬意。那么，如何才会具有包容心呢？

1.坦然面对一切

要承认身边一定有人超越自己。一定有人有你一生都无法企及的天赋，承认了这种必然，就会坦然接受。不要让自卑和妒忌消耗你的时间和精力，要静下心来不断完善自己。

2.学会控制自己

人们都想控制别人，让别人按照自己的意思来办事，但面对自己却容易放纵。自控其实很好锻炼，假如你在做一件非常有意思的事情，停止做这件事，除了会让你有不愉快的感觉，没有任何损失，那就强迫自己立刻停止。

3.确定高远的志向

当你的眼睛望着远方时，你也就不会去看脚下有几颗石头了。

4.保持向善之心

遭遇不平时，想想世界上还有很多人都在受苦，他们与你同是生命，而你只是沧海一粟。当你心怀同情时，你的心就不再只装着苦难了。

5.培养良好兴趣

培养艺术的追求，是净化自己灵魂、打磨自己思想的好方式。比如，读有思想的书，欣赏音乐、绘画等。"腹有诗书气自华"，内心世界丰富起来，自然就会达到更高的思想境界，不会将眼前的俗事放在心上，也就具备了包容之心。

第五章
顶级成功人士成绩的取得，取决于五大工作思维

正向思维：工作之路苦乐参半，关键在于自己

别人可以替你做事，但不能替你感受。人生的路要靠自己行走，不要活在别人眼里，也不要活在别人嘴里。命运要靠自己掌握在手中，不论生活酸甜苦辣，重在自己的体验和坚持。失败了，不气馁；犯错了，积极改正；成功了，不骄傲，面对工作的苦与乐，都要有平和的心态。

最近，由上级布置到杨进手上的工作相当的多，然而这个项目还是为了配合其他部门的工作，不得不承认在这个工作之初，杨进出现了很大的负面情绪。而且科室内部，对这项工作本身也很重视。此外，主要部门的负责人也发生了变化，是个新上任的年轻人，已经不是原来事事都熟悉的"大佬"。

杨进事情一多，脑子就乱成一团，情绪也变得暴躁。他的负面情绪主要源自感觉工作量太大，还要帮助其他部门，心里不是很愉快。

他感受到了自己的异样，决定放松自己，做个深呼吸，努力端正态度，缓和情绪。静下心来缓缓，然后继续梳理具体工作内容，杨进逐渐恢复了状态，对工作的掌控感又回来了，情绪也平和许多。

最终工作也圆满完成，他也因为乐于助人、积极工作，获得了先进个人奖。

杨进的工作积极主动，配合别人，在这次任务中贡献了很大力量，受到了该有的回馈。

一件事情的成功看的是自己的态度和自己是否愿意坚持和用心。积极主动的习惯需要刻意练习，特别是在突破舒适区的领域中。只有积极主动的人，才能在瞬息万变的竞争环境中获得成功；只有善于展示自己的人，才能在工作中获得真正的机会。

王明一直在一家小公司做中层管理。由于一些原因，自己的公司被大公司合并了，他失去了工作。

公司刚合并之际，他觉得自己早晚都会被辞退。对自己没有半点希望的他，去咨询了职业顾问，表现得非常气馁沮丧。咨询师问他："面对未来，你看到了什么？"他无力地回答："坦白地说，除了一个巨大的空洞外，我什么也看不见。"他跑了很长时间，都找不到工作。不久之后，他做了一家餐厅的主管，再没有提高。

正是这种认为未来是虚幻的想法，让王明失去了追求成功所需的动力，生活则变成了一种负担。失去了所有希望后，他的情绪极度低落。正是失去希望严重阻碍了他进步的想法。

莎士比亚曾经说过一句话，"黑夜无论怎么悠长，白昼总会到来"。弱者在泪水中沉浮，而强者在努力工作中把痛苦变成幸福。

成功是靠自己的努力得来的，自己的苦乐人生是自己做主的。不要羡慕那些一出生就富贵的人。物质世界无穷尽，最重要的不是拥有什么，而是努力改善，使生活充满希望，使生命每天向上。不要求自己多么有钱，只要每天努力一点点，明年，下个月，明天，都会比现在好一点。

推销思维：不管做什么，都要擅长推销

个人想要取得成功，除了必需的刻苦学习之外，还要对自己有信心，在别人面前很好地表现出自己的优点，把自己最美好的一面展现给别人。命运还是掌握在自己手中的。要把握好机会，为自己的脱颖而出做好充分的准备；如果没有机会展示，就要极力地创造有利条件。

"毛遂自荐"是人们耳熟能详的故事。本故事中使我们见识到了毛遂的本领和胆识，他在紧急的关头自我推销，又凭借自己的智慧成功地打动了楚王。古人云："知人者智，知己者明"。要认准自我价值，毕竟

"天生我材必有用"，给自己一个准确的定位，把自己最好的一面展现给别人，凭自己的本事得到自己想要的。

几年前的一天，福州某公司招聘"企划文案"人员，学历要求是硕士学位以上、有两年以上的就业经验。

小宋当时失业近一个月，前几次求职的失败严重挫伤了他的信心，觉得生活不再有希望。虽然有些条件不合适，但在朋友和家人的鼓励下，他还是带上应聘材料和证书前去应聘。

来到公司后，人事主管对小宋进行了面试。小宋自我介绍后，主管很难为情地说："对不起，你不符合我们的要求，我们对于人员的要求不仅仅是有硕士学位，更重要的是要有两年的工作经验。"

小宋很气馁，但并没有绝望，笑着说道："这是我的材料，您可以先看看。"人事主管扫了一下材料，然后合上，抬起头对他说："你的确很优秀，可是我们规定要硕士以上学历，真的很抱歉。"

小宋感到更加失望，起身离去。后来，他听人们说这次录取有破例的，他后悔没再争取一下，没有将自己的经历详细地说明。

规定是死的，人是活的，要尽自己最大努力去争取。在前进的道路上，有时差的就是那自信的一步，很多时候，前进一步便是不一样的人生。

美国学者戴尔·卡耐基说过："不要怕推销自己，只要你认为你有才华。"推销自己的时候，需要对自己有一个充分的认识：学会扬长避短，充分发挥优点。推销必须有耐心，持续地拜访，以免操之过急，亦不可掉以轻心，必须从容不迫，察言观色，并在适当时机促成交易。比别人多一点执着，你就会创造奇迹。

1.对自己表现出十足的信心

有人对自己的能力和特长把握不准，缺乏自信心，觉得自己这也不行那也不行。这大可不必。只要增强一点勇气，试一试，不行了再重来，权当交个学费，经受一次考验。

2.在多种场合与别人交换名片

如果想着把自己推销出去，无论到哪里，或外出做什么事，总要在皮包、外套和公文包中，多放一些自己的名片，准备向别人进行交换。但请记住，千万别给人一张已有折痕或污损的名片，那样会极大地破坏你给别人留下的印象。

3.有一种锲而不舍的韧性

推销自我是一场心理之战。谁有耐心，谁有韧劲儿，谁不放弃最后百分之一的努力，谁就可能是最后的微笑者。因此，一次成功的自我推销，推销出去的是一种精神，一种品格，一种良好的心理素质。

4.克服害羞的心理障碍

在大型集会上怯场或推销时表现出害羞的状态，通常是自我推销过程中的大忌。而要把自己成功推销出去，肯定少不了在各大公众场合与别人进行接触和交流，且交流的方式也很多，小在会议室里散发名片，大在全国性的媒体中发表演说，而选择和自己个性与目标相互协调的自荐方法，是相当重要的。

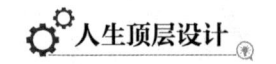

5. 自我推销的关键是积极主动

目前很多成功的事例表明，要找到理想的单位，光靠供需见面会这类方式很难如愿，因为很多用人单位并不直接进校园选才，而同时你对需要人的单位也并不真正了解。因此，应该走出校门，在"第二战场"寻求推销自我的机会。

6. 不要毫无保留地把自己都展现在别人面前

求职者在与用人单位交谈时，没有必要展现一个真实的自我，因为许多东西无法表现，特别是缺点千万别暴露，许多东西不能太真实。另外还要注意临场发挥，所以要先了解企业背景资料，再和他们谈，如果真想去，就得研究他们真正需要什么样的人，就努力把自己向那方面包装，越接近他们的要求，你就越接近成功。

7. 始终保持一种热情

参加任何活动时，早一点到，可以与他人联络联络感情。不要在晚宴后匆匆忙忙地奔回家休息，多和同事、上司、客户聊聊天，打成一片。参加公司的旅游、生日餐会和下班后的聚会，都要表现得优雅从容。此外，要尽可能地回复别人的来电，如果你调离了原单位或是另有高就，也要与以前的同事保持联络，让他随时可以找到你。请记得，在现代的社会里，拥有坚实的人际关系和良好的人际网络是成功制胜的关键。

结果思维：不要专注于时间，要专注于结果

不知在你的身边，有没有这样一类人——

在读书时：去图书馆自习，摆出一本书正襟危坐，其间却打电话、看微信、翻杂志……到自习结束书也就随便翻了几页；

找工时：面试随意，美其名曰"随缘"，最终"随"到了一个不好也不坏的工作，事后却发现这份工作的性质、内容及地域等都不适合自己；

进入职场后，由于不热爱，不拒绝，不主动，美其名曰"享受过程，慢慢成长"；

在工作中，领导的评价是无功无过，很多时候，工作只是"做完"，却谈不上"做好"。

眼看同期的某某当了中层，眼看晚一批进单位的某某成了业务骨干，而自己混迹多年，至今毫无建树……这种人身上最大的特点，就是"享受过程"，不求结果。这是一个万金油借口，却是个很危险的存在，会慢慢吞噬时间、斗志和希望。

做事情遵循"过程思维"和"结果思维"，会让人和人之间产生极大的区别。对于过程思维的人，学习是任务，而结果思维的人，学习追求的是知识的运用；对于过程思维的人，上班是任务，工作是创造价值的

过程；过程思维的人认为开会是任务，而结果思维的人认为开会是要解决问题。

不同的思维带来极大的区别。缺乏结果思维会让我们觉得自己忙个不停，却一事无成。那什么是结果思维？结果思维是指，在做一件事情的时候，关注这件事情可以产生的价值结果和进步，以此来指导具体的工作内容，关注结果，以结果为导向。

其实，结果思维可以理解为结果大于过程，是一种把自己的能力和行动转化为价值的思维方式。我们会为了最后的结果尽力将事情做完，一个完整的结果胜过无数次的有始无终。

每逢佳节，铁路客运就非常紧张，旅游旺季亦是如此。2022年国庆节，某传媒公司要到上海参加一个展会，需要派10个人去。根据公司规定前往上海只能乘坐火车，而且要保证晚上的休息，第二天到目的地就可以开展工作。老板派小青去买火车票，他汇报老板火车票卖完了，老板却让他叫来了小李："还是小李办事让我放心，把他叫进来。"小青心里很不平衡，心想他也一定买不上。

老板喊小李去火车站看看，小李过了好长时间才回来。小青气不打一处来，便在老板办公室门外偷听，听到小李开口的第一句就是："火车票确实卖完了。"小青心里想，你也不过如此，就走了。

后来，老板把小青也叫进来，老板说，看看你们两个是怎么向我汇报的。

小青的回答：火车票卖完了。

小李的回答：火车票确实卖完了。

我设计了其他一些办法，请老板考虑：

（1）买高价票，每个人需要多花 100 元，现票 15 张；

（2）如果凭借我火车站的朋友关系，可以想办法，但是晚上没有休息的地方；

（3）如果中途转车，北京到南京有 × 趟，出发时间：××，到达时间：××；南京到上海有 × 趟，出发时间：××：到达时间：××；

（4）买站台票上车补票，但是 10 个人有些困难；

（5）可以坐飞机，飞机票是有的，也不会耽搁展会；

（6）可以坐汽车，包车费用是 ×× 元。

买票是任务，到达上海是结果。看似事情做了，但是没有结果都是徒劳的。任务不等于结果，职场中只讲功劳，不讲苦劳。

王涵在书法班，练习书法。老师一直反复强调在刚入门阶段，要先完成，再完美，量变引起质变。

书法老师对他们说："承认自己现在写得不好这就是事实。之后放慢脚步，调整一下状态再继续坚持。反之，如果一直急于求成，追求完美，那便不会成功，再练习下去自己就退缩，打退堂鼓了。"

在写作初期，要想一下子写好是几乎不可能完成的任务。也有的孩子根本坚持不下去，王涵就是急于求成，总想一次性写得完美，可是事情却不尽如人意，他越着急想写好，越写不好，怎么办呢？无数张书法纸被一张一张摞起来，潦草的字迹急切地表现着自己想成功。可是越写越急躁，还是没能成功。

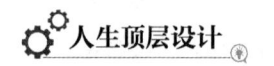

王涵急于求成，没有专注长久练习的结果，最终一事无成。所以，不要本末倒置，不要单纯把工作时长、辛苦程度作为衡量一件事的标准。个人的成功就是把你的人生做出结果。量变引起质变，不要纠结使用多少时间，达到想要的结果才是真谛。

德鲁克说过，人们往往高估了一年所能取得的成绩，而大大低估了三十年、五十年所能取得的成绩。行动创造结果，结果改变人生。结果思维往往是带着功利性和目的的，就像那句，"藏书不算读，笔记不算会，打卡不算学"，说的就是这个道理。

重复思维：简单的事情重复做

上高中时，我们班主任讲过一句话，至今记忆深刻："简单的事情重复做，重复的事情坚持做。"这也许是我高中时期学到的最实用的一句话；坚持重复做简单的事情，你就是人生的赢家。

任何时候，我们都需要冷静下来，我们都需要足够的耐心，不断提高我们的技能，提升我们的认知。当我们的能力达到自己的理想状态时，就会变得更加自信。

聪明在于勤奋，天才在于积累。把复杂的事情简单化，简单的事情重复化，重复做的事情用心做，坚持不懈，这样再复杂的事情都可以完成。

"愚公移山"这个故事的寓意是强调持之以恒的精神，简单的事情重复做，重复的事情坚持做。人的一生就像打太极，凡事不能操之过急。反复做一件事做出自己的风格。事无巨细，关键在于用心。

简单的事情重复做，你就是专家，重复的事情认真做，你就是赢家。其实我们认真按照这个要求去执行，每个人都能成为某个行业领域的专家。

现实生活里，大部分人都是三分钟热度，不管工作、生活都是一样。只有小部分人能坚持不懈地努力，直至成功。

很佩服那些自律极强的人，每天早上5点起床晨跑、晨读。一年365天都能坚持这样的好习惯，所以五年、十年后，这样自律的好习惯成就了一个好身体。这就是简单的事情重复做的好处与结果。跑步、阅读每一个人都会，但能坚持三年、五年、十年的人少之又少。

杜女士从2020年3月参加晨读，坚持了一年多。放弃很容易，坚持却很难，开始晨读时每天早上起不来，都是妈妈督促自己起床，慢慢地养成了习惯。从不会分享到口若悬河，语言表达能力提高了，还养成了阅读的习惯。

任何事情都是从最简单的开始，不断重复，慢慢地从量变到质变。这个过程很艰难，也很辛苦。正如写作也是一样，从没有逻辑思维到能下笔如神，中间需要大量的练习与积累，从大量阅读输入到每天日更输出。坚持一天、一周、一个月、一年、两年、三年、五年。周而复始，到十年后，再回头看看曾经开始写的文章，一定会觉得自己很好笑。但是我们做任何事情都应该有这样的思维，不要好高骛远，更不要觉得走捷径才是快速成功的通道。

真正成功的人都很傻，有一股坚持不懈地努力的傻劲与韧性。就是将简单的事情重复做，在一个行业领域内让自己达到专家级别的人物。再继续在此领域坚持深造，最后就达成了生活的赢家。

天下大事当于大处着眼，小处下手，必作于细；天下难事，必作于易，只要用心，什么事情都有可能成功。简单的事情重复做，重复的事情坚持做，坚持不是为了感动任何人，也不为证明给谁看，我知道自己早晚有一天会得到自己想要的。

若想简单的事重复做，直至成为习惯，可从以下两点尝试：

1. 认识或觉察自己

思考自己做某事的意愿、欲望，是否强烈，有无做某事的必要。如果以往的行为模式，已经成为牵绊、困扰，到非改不可的境地，那就长痛不如短痛，快刀斩乱麻。好友多年的拖延行为，已经给他的工作和生活带来了很大困扰。在工作任务的最后一天，经常会加班加点，奋力与时间赛跑。他感到异常纠结、烦恼，对自己的行为深恶痛绝，到了和拖延势不两立的地步。经过认识和反省，她痛下决心，告别拖延，开始了新的人生篇章。

改变或许在一瞬间，不破不立。

2. 养成微习惯

"微习惯"，就是将一个复杂的行为拆分成最简单的行为。简单到毫不费力,就能轻而易举完成。比如,若想养成每天阅读的习惯,就将每周读完一本书,分解为每天只读一页书。

朋友的孩子,为了养成健身习惯,开始每天做一个下蹲。一段时间后,他感觉不过瘾,就多做了几个。一年之后,每天可以做几十个下蹲。于是不经意从微习惯开始,便实现了强身健体的目的,还养成了健身的良好习惯。

人生有很多可能性,你想成为怎样的人、做怎样的事,都是自己设计、响往的。若想让梦想照进现实,需从简单的小事做起。将简单之事做得尽善尽美,是一种能力。"以小见大",才能成就自我,成为想成为的人。

曾国藩说:"天下之至拙,能胜天下之至巧。"从简单的事情重复做,用心做开始,就能开启别样人生。

交换思维:将欲取之,必先予之

鱼儿为什么会上钩?因为美味的鱼饵。为了吃到美味的鱼饵,鱼儿就奋不顾身了。人的本性也是贪婪的,有的人为了名、利、色,就忘记了危险,心甘情愿地上了别人放的钩,跳了别人挖的坑,这是典型的失败者。成大事者,往往都是善于放钩、挖坑的高手。

几千年前,古人就对这个问题琢磨透了,并且有高度的智慧概括。

春秋末期，晋国贵族魏桓子拒绝了另一贵族智伯的索地要求，谋士仁章劝他还是给的好。仁章认为：智伯在得到土地后，必然会更加骄横，使其他贵族因惧怕他而互相团结起来，共同对付他，这样他灭亡之日也就到了。仁章还引用《周书》上说的话："将欲败之，必姑辅之；将欲取之，必姑予之。"意思是说，要想打败他，姑且先帮助他；想从他那里取得什么，暂且先给他点什么。

在魏桓子这里得到土地后，智伯又去向赵襄子强要土地。最后被韩、赵、魏三方联合消灭。

"将欲取之，必先予之"是一种成事的策略和计谋，其基本原则是：先把自己的目的隐藏起来，不予明确；再投其所好，给点甜头，让他钻进自己的"套子"；最后再抖出"包袱"，亮明目的。此时，对方无力回绝，只好乖乖就范，达到设计者要实现的目的。

从本质上来讲，"取"和"予"与我们平常所说的"舍"和"得"的道理是相通的。"取"和"予"、"舍"和"得"虽是反义词，却是一物的两面，相伴相生，相辅相成。中国的儒、释、道三家各成一体，观点各不相同，但在"取"和"予"、"舍"和"得"这个问题上，却有高度的共识，这是十分罕见的。可见，取舍的哲理是人生的大智慧。

人的本质都是由一段时间构成的，所以一切交换本质在于用你的时间，去换得你想要得到的东西。你可以用你的钱换取你喜欢的物品，可以用自己的真心换取友谊，还可以用你的行动，换取好的成绩。在职场中，人与人的交际也是如此，想要得到他人的馈赠，就先给予他人帮助，学会换位思考。自己的付出与回报是成正比的。

从前有一个小孩，对研究生物很感兴趣，他想知道蛹是如何破茧成蝶的。

有一次，他在草丛中看见一只蛹，便放到家里，每天仔细观察。几天以后，蛹裂开了一条裂缝，蝴蝶在里面挣扎摆动，想弄破蛹壳飞出来。破壳的过程十分艰辛。数小时之后，蝴蝶还在蛹里辛苦地挣扎。小孩等得急切难耐，想要赶紧看到结果，便拿起剪刀将蛹捅开，蝴蝶破蛹而出。但他没想到的是，蝴蝶脱离苦海之后，因为翅膀不够有力，根本飞不起来，不久之后，痛苦地死去了。

破茧成蝶的过程原本就非常艰辛，但只有经历艰辛才能换来翩翩起舞的自己。小孩也没有付出自己所有的经历和时间，并没有换取他想要得到的。想要获得自己心仪的东西，一定不要着急，欲速则不达，多使用"交换思维"，我们可以从投资回报的角度来分析，交换都是对等的。

人类社会本就是一个交换社会，想要得到必定要先付出。付出的时间和努力，都会以其他方式返还给自己。

俗话说，"舍不得孩子套不住狼"，没有付出，哪有回报呢？怎样的付出才能得到最好的回报呢？"将欲取之，必先予之"，成大事者必须坚持以下四个基本原则：

1. 明确目标，掌控全局

若想成大事，就要看得开、放得下，做到虚怀若谷。做任何事情都应该是有目的的，而且目的是纯粹的、光明磊落的，这也是做人与成事的最高境界，是真正成就人生的心灵哲学。制订的计划应该是可行的，全程应该是可操控的。任何有风险性的因素都会影响计划的实施和目的的实现。如果不可操控因素或风险太大，那是不可行的，一句话：掌控全局，全盘操控。

2. 放钩挖坑，一矢中的

要达到目的，就必须用"巧"，以此达到事半功倍的效果。这个"巧"就是放钩挖坑，钩要好，坑要深，保证一矢中的，否则鱼儿钩不住，猎物套不住。放钩挖坑要巧妙，要隐藏于不显眼的细节中，以便对方在步步深入中中招。粗劣地放钩挖坑，让人一看就知道是阴谋诡计，则不如按部就班，不必使巧。

3. 投其所好，选好鱼饵

俗话说："吃人家的嘴短，拿人家的手软。"一个人一旦拿了他人的好处，占了他人的便宜，就不好意思拒绝他人的合理要求。这里有个"人情"和"面子"的问题。聪明人知道天上不会掉馅饼，往往爱使这种手段。事后，你说人家中了"糖衣炮弹"也好，"上了贼船"也罢，反正你的事最终办成了。

4. 以退为进，以巧取胜

懂得退一步的人，往往能够进两步。不要时时、事事把利益挂在嘴边，而要藏于心中，要有舍小利而得大利的格局。要以谦逊的态度待人，多讲好话、软话，适时而巧妙地抛出"诱饵"，诱敌深入。古今许多例证说明，采取"以退为进"的方式，能起到很好的促进作用。

第六章
顶级成功人士优秀团队的打造，需要借助五大管理思维

放权思维：将权力下放，不要一人独揽

七国之乱是我们都知道的历史事件：

七国之乱是一次诸侯国叛乱，发生在西汉景帝时期，参与叛乱的是七个宗室诸侯王：吴王刘濞、楚王刘戊、赵王刘遂、济南王刘辟光、淄川王刘贤、胶西王刘昂、胶东王刘雄渠，所以称为七王之乱。

汉景帝二年，御史大夫晁错上疏《削藩策》，提议削弱诸侯王手中的势力，加强中央集权。汉景帝接受晁错的提议，于是在第二年冬天下诏削夺吴、楚等各个诸侯王的封地。以吴王刘濞为首领的七个刘姓宗室诸

侯由于对剥弱自己权力很不满,以"清君侧"为名反叛。

这个故事告诉我们,把该给下级的权力都给下级,这样才能发挥各个阶层的积极性,才能提高工作效率。反之,领导如果把事情堆成一堆,本事再大,水平再高,也难以把事情办好,而且还会很累。领导者并不是要事必躬亲,而要善于领导,协调各方,调动下级做好工作,完成任务。我们都应该保持公司的大目标和原则,尽量把一般权力与责任分散到各个盈利的地方阶层。

老子的思想从重视规律的角度来说是唯物的,其"无为"并不是什么都不做的消沉态度,而"为"是对领导者和领导者的行为限制规定,把领导者的行为限制为团队具体工作的战略性服务:出谋划策,沟通协调,团队成员行为的对外责任承担。而战术性的工作需要被管理者去完成,对被管理者的工作范围采取"无为"的放权态度。

某汽车公司是一个以生产汽车零件为主的制造商,由于执行积极合并的政策,所以发展很快。董事长对于公司的健康发展非常满意,认为公司前途一片光明。之所以能以惊人的速度成长,主要原因是公司的经营方式运用了高度分权的方法。

后来它与电子公司合并了,可是经理们依旧还想像在某公司一样分权管理。同电子公司探讨合并问题时,电子公司对汽车公司起了浓厚的兴趣。但是电子公司的董事长很是担忧,怕失去对自己企业的控制,沦为一个大公司的雇工。

但汽车公司的经理向电子公司保证:动力工业公司是使用高度分权的方

法经营的,并说明,"我们对你们的期望很高。你的企业在我眼里是非常成功的,这就没有理由说与我公司合并以后,就不能成功地继续经营,只要您觉得合理,一切由您接手管理。总之,是由我们发放资金,提供你需要的用于创新和扩张的资金。虽然每个子公司的利润将要上交总公司,但依旧像你自己的公司,因为你每年将会有保薪和你公司一定比率的净利"。

在有了汽车公司这样的保证以后,电子公司决定同动力工业公司合并。在近几年里,一切都很顺利,电子公司成绩也很好,给汽车公司带来了很大利润。

汽车公司对电子公司极其信任,继续使用"放权思维"。其思维组织结构非常松散,母公司对子公司往往只有财务控制而基本没有经营指导的权力。放权之"放",包含放心、放手两层含义,领导者最大的责任就是掌控全局,让制度自动运转。

懂得放权,对下级极其信任,把手上的权力分布在各个部门独立完成,企业才能做得更加强大。

在企业管理中,管理者即使有三头六臂,也不可能事必躬亲、独揽一切。因此,必须学会适时地把权力下放给下属。但是有些管理者把权力下放给下属之后,又担心下属不能把工作做好,便想方设法去干涉、去过问。殊不知,这样做犯了授权大忌。而明智的管理者会充分信任下属,给下属自由发挥的空间。

在这个世界上,没有谁能够做完所有事,要想使企业发展壮大,企业的管理者就必须学会放权,培养更多优质的人才和帮手,共同建设企业。

合作思维：一木难成林

独脚难行，孤掌难鸣。众所周知，合作才能共赢。合作是一种积极向上的心态，更是一种智慧。有些事情确实是一个人干不了的，必须要有团队的合作。比如拔河，你一个人力量再大，使出吃奶的劲，也赢不了对方一队人，只有团队的齐心协力，才能获得成功。

一名专家给一群小学生出了一道智力测试题。

在一个罐头瓶子里，依次放进六个乒乓球，罐子里的每个球用细绳绑着，将绳子的顺序打乱，要求用最短的时间取出瓶子里的乒乓球，全部取出就算成功。

有五个小组的同学，都在各想各的。挤破头，也不知道该如何是好，全程没有一句讨论。有的打闹，有的沉思，还有的觉得简单。只有一组与众不同。时间到了，觉得简单的人准备大显身手，胡乱拽了一通，结果将瓶口都堵死了，谁也出不去。每个组都试了又试，却都以失败告终。最后一个小组暗自窃喜，心想我们赢定了。他们走上讲台，他们的办法就是几个人团结一致，共同合作，每个人牵一个绳子，都找到对应的绳子将乒乓球一个一个拽出来，依次从瓶口将乒乓球取出来。最后用最短时间完成挑战的只有这个小组。

这道测试题考的就是团队的互相协作的能力，考察孩子们是否有团结合作的意识。也告诉我们，团队成员团结一心，便能够取得成功。想要取得成功，单靠自己的力量是很难完成的。只有合作，众人一条心，黄土变成金。

职场上一个人的能力很重要，公司都会重用这一部分人，但发展到了现在，已经不是个人能力问题，而是团队合作，毕竟一个人能力有限，每个人都有优势劣势，团队合作可以取长补短，也符合现在的公司发展，爆发出来的力量不是1+1=2那么简单，所以合作才能共赢，单干的时代已经过去。

个人的能力有限，而把所有人的能力聚到一起，便可以做出更好的成绩。从某种意义上来讲，我们之所以要创建团队，正是因为不是所有事情都能通过单干来解决，我们要采取众人之所长，弥补个人短板。现代社会是一个合作的社会，团队合作在职场中有着非凡的意义。能展示出团队的凝聚力与忠诚，团队便能取得更好的工作成果。

企业要想持续发展，立于不败之地，没有团结奋进的企业文化，没有团队合作精神是万万不可行的。团结就是力量，尤其是在企业生死存亡关头。在职场中，我们想要取得好的成绩，就必须秉承合作共赢的理念，和别人共同进步，合作即是力量。一丝不成线，一树不成林。成功在于合作，合作共赢天下。

如何选择合作伙伴？

1.志向远大

21世纪，最大的危机是没有危机感，最大的陷阱是满足。要学会用望远镜看世界，而不是用近视眼看世界。顺境时要想着为自己找个退路，逆境时要懂得为自己找出路。

2.勇于实践

只有行动才会有结果。行动不一样，结果才不一样。知道不去做，等于不知道，做了没有结果，等于没有做。失败是成功之母，因为不犯错误的人一定没有尝试。错了不要紧，一定要善于总结，然后再做，一直做到正确的结果出来为止。

3.舍得付出

要想脱颖而出一定得先付出。斤斤计较的人，一生只得两斤。没有点奉献精神，是不可能创业的。要先用行动让别人知道，你有超过所得的价值，别人才会开更高的价。

4.善于沟通

沟通无极限，这更是一种态度，而非一种技巧。一个好的团队当然要有共同的愿景，非一日可以得来。需要经常的沟通，从目标到细节，甚至到家庭等，都需要沟通。

5.诚恳大方

每个人都有不同的立场，不可能要求利益都一致。关键是大家都要开诚布公地谈清楚，不要委曲求全。相信诚信才是合作的最好基石。

系统思维：从全局出发，把握工作的整体性

古人认为："不谋全局者，不以谋一域。"因为"一域"不能代替全局，"一域"之得更不能弥补全局之失。换言之，全局决定着一域的存亡，所以任何事业成功的关键在于认识全局、驾驭全局。而谋全局需要的是高屋建瓴、宏观控制的大见识、大魄力，处处高人一等，时时占得先机。

历史上，那些成功的战略家总是善于从错综复杂的局面中清醒地分析敌我双方的优劣态势，充分考虑当时的战略地缘关系、综合实力以及战略布局与互动，在此基础上确定自己的战略目标，站在最高层次上寻求全盘皆活的战略转机。尤其是夺取和掌握战略主动，营造有利于未来发展的良好战略环境。

蔺相如是我们所知的一个很聪明的人。

战国时期，赵惠文王得到了一块稀世之宝——和氏璧，秦昭襄王听说后，想见识见识这个宝物，便派使者带书信来见赵惠文王，说："秦王情愿拿出十五座城池来换这块和氏璧，不知赵王是否答应？"

赵惠文王拿不定主意：给了，怕自己会被骗，不给，又怕得罪秦国。

这时有个宦官对赵王说:"我向大王推荐一个名为蔺相如的人,此人头脑聪慧,反应机智,派他去秦国,必定可以将此事办理稳妥。"于是赵惠文王就派蔺相如为使者,出使秦国。

蔺相如来到秦国后,就献上和氏璧,哪知秦王看了赞不绝口,但是绝口不提十五座城池的事情。蔺相如看了,计上心来,他对秦王说:"大王,这块璧上有一个小小的瑕疵,让我指给大王看看。"秦王听了信以为真,把和氏璧递给了他。

蔺相如拿着和氏璧,退到一根柱子旁,对秦王说:"看来大王并不是真诚用十五座城池来换和氏璧,那就莫怪我失礼了。大王要还是这样的话,我就连同这块璧撞在这根柱子上。"秦王怕伤了璧,忙命人取出地图,将要交换的城池指给蔺相如看。蔺相如心知他只是做样子给他看罢了,于是对秦王说:"和氏璧不是一般的璧,赵王在送璧之前,斋戒了五天,大王也应斋戒五天,并在朝堂上举行隆重的仪式,我才敢把璧献上。"秦王没有办法,只得准备斋戒仪式。

蔺相如则晚上偷偷地派人带着和氏璧返回赵国。

蔺相如纵观全局,考虑到了秦国的诡计。并没有在乎自己行为是否失礼,他机智多谋,才把和氏璧完好无损带回赵国。做任何事,都要考虑大局,如果只着眼于鸡毛蒜皮的小事,胜就不一定是胜,败可就真正败了。

这种全局意识,对于我们今天从事任何工作都是弥足珍贵的有益启迪。就任何一个追求事业成功的人士来说,大局观可以说是一种不可或缺的基本素质。

有句话说得好：有失才会有所得，有所弃才会有所取。从全局出发，从整体出发，不能只看到单独的某个层面。顾全大局，系统谋划，不断拼搏。工作就好像下围棋，要想得到胜利，就需要把握工作的整体性，从全局出发，不能因为一城一池的得失而损害了全局，目光要放长远，以长远利益来衡量得失。

树立全局意识，大到对一个民族、一个国家，小到对一个区域的发展，都具有相当重要的意义。只有认清大局，我们才能审时度势，因势利导，掌握主动权。同时，全局意识还是促进团结、凝聚力量的表现。

站在全局的角度思考问题时，你的工作态度、工作方式以及工作成效都会有所提高。只要深入思考，着眼全局，积极行动，你才会获得更高的评价，为以后的脱颖而出奠定扎实的基础。

一个实体店老板向专家咨询了一些问题，说："我的朋友在北京市海淀区开办了一家某品牌的豆浆连锁店，生意火爆，令我羡慕不已。而我在盐城市的响水县城却遭到巨大的失败，这是为什么？"专家仔细询问了这个投资的主要过程。

事情是这样的，2004年3月的某一天，这个老板前往北京拜访自己的好朋友，听说他在北京海淀开了一家某品牌的豆浆连锁店，就去实地考察。

考察的那天正是中午吃饭人流高峰，他看到连锁店生意火爆，顾客盈门，日进斗金。随后他决定投资，花费了100万元在自己的家乡开

人生顶层设计

办一个这样的连锁店。经朋友介绍，他还交了加盟费，紧锣密鼓地筹办了三个月，豆浆连锁店总算开业了。但是，连锁店的生意很冷清，在仅仅不到一年的时间里，100 万元的投资血本无归，还欠了朋友几十万元债务。

根据专家对北京的了解，马上得出一个初步的结论，专家告诉他："您这个店的选择地点有很大的错误。"他又问："为什么？"专家说："盐城响水县已经被列为国家贫困地区，而北京是中国的一线城市，更何况，两地的生活习惯也完全不同，北京生活水平高，工资高，人们对于日常的消费就不会很拘谨，还会点一些贵的；而响水县城的打工人很少，且基本是农民工，他们没有很高的消费能力，以我的猜测，当地小餐馆的生意应该还不错，是吗？""您说得对，情况确实是这样。"老板回答道。

当初开餐馆的时候，这位老板就没有从全局考虑，没有从整体出发，做长远的考虑，仅仅看到了眼前别人获得了很大的成功，没有考虑任何实际效果，一味地盲目跟从，使他亏损很大。

明全局，才不会走偏方向。系统性思维不一定会走得最远，但一定会走得很稳。脚踏实地，才能稳定发展，做人就要看高，做事得看远。

在职场当中，不谋全局者，不足以谋一域。鼠目寸光，必定寸步难行。实事求是就是照顾全局，把目光放远，做最长远的打算。

缺口思维：让下属参与，是人和人合作的一种境界

我们常说，身教大于言传。身为领导，不看你制定了多少规则，而是需要以身作则，带领好下属。自己要融入团队，更要让下属充分参与。让所有人都知道团队合作的力量远远超过个人的力量。

领导做的其实就是人心的工作，其实就是对于人性的管理。身为领导，时刻都要明白，众人拾柴火焰高，有了大家齐心协力的参与，领导者的责任才会被分解。而分解责任，与分解任务同等重要。

有这样一个案例：

某汽车分销公司是一家最近新成立的企业，下设了很多销售门市部。公司刚成立时，运用了民主管理的方式，制定了很多的责任制度，运转还算顺利。

随着时间的推移，员工中相互推卸责任的事情偶有发生，但在处理这种事情时，又没法说清是谁应该承担责任，没法定责；甚至很多事情不了了之，冤枉了其中一些员工。

为了继续推进民主管理，公司上层经过讨论，推出让下属参与某些重要决策的策略。他们由此创立了高级小组制度，从每一个销售门市部

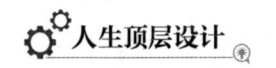

挑选一名优秀的非管理者，共挑出五人，公司管理者每月与他们开一次讨论会，讨论各种解决方法和执行方略，并且经过他们去了解一下公司成员的品性。经过此次决策，充分地调动了成员的积极性。经过两年的经营，公司的营业收入有了很大幅度的增长，第二年比第一年增长了3.6%。这让主管对此策略有很大的信心。

这个案例，为了调动下属的积极性，让下属参与到决策当中，一起努力。"把手弄'脏'，才可以激励每一个员工。"一根筷子很容易就折断了，可是一把筷子是很难轻易折断的。

王静是一个大学刚毕业的本科生，最近找到了一份工作，在一家少儿培训中心工作。

一开始工作还是挺顺利的，与老板相处也是和和睦睦的。可过了十多天，老板就露出了马脚。王静越来越感觉老板自己什么事情都要抓，什么事都不放心给别人管。

有一次，老板由于自己家里的事情，对王静的培训课程进行了调换，但是事前并没有与王静商量。在开课前一个小时，才通知了王静。可是当时王静也有事抽不开身，王静很是疑惑，为什么不跟自己商量，自己做决定？

时间长了，老板干啥事都不找王静商量，擅自做主。久而久之，王静觉得自己毫无存在感。王静觉得这样很不是办法，就选择了离职，老板也损失了一个好员工。

这个案例中的老板，自己管理一切，从不让别人参与，损失了一个好员工。把该分的权力都分掉，把属于自己的事务管好，做好成员的"领头羊"，让下属积极参与，带领下属走向成功才是正道。

做任务的时候，留个缺口给其他人，并不是告诉别人自己的能力不够，实际上，这是一种管理的智慧，合作才能共赢。

在职场当中，有一个非常出名的理论，叫作不吃全鱼，事事不能做得太尽。如果你有肉吃，必须允许别人可以喝到汤。你的技术再高超，能力再强，也要留一些空间给别人展现自己的机会，这是一种更高层次的、具有全局性的管理智慧。让人有参与感，才是人和人合作的一种境界，一种完美。

利他思维：你的成功能为他人带来利益

一个人，能获取多少财富，取得多大的成功，取决于他帮助了多少人，做出了多少对别人有利的事情，这就是利他思维，也可以称为互联网思维和用户思维。不管国内还是国外，所有互联网大企业，之所以成功，就是因为他们为众多的网民提供了快捷、方便、好用的服务，他们所具有的就是利他思维。

有一个这样的小故事：

人生顶层设计

曾经有一匹马和一头驴都在主人的手下一起工作。有一次外出，主人需要马和驴帮自己驮东西。在安排任务时，主人给了驴更多的货物，而只给马安排了一小部分。

在路上，驴感觉不堪重负，就对马说："能不能将我驮的货物分你一点？这点重量对你来说不算什么，但对我却可以减轻很多负担，这算帮了我一个大忙。"马听后非常不理解："凭什么我要帮你，你的货物凭什么让我来驮？"

不久，驴因为超负荷的工作累死了，主人便将原来驴驮的货物全部加在了马背上，马顿时感到不堪重负，这才想起驴在的时候说的话，此时懊悔也已经晚了。

这个小故事告诉我们，不能自私，你的一点点努力，不仅可以造福自己，也可以帮助他人得到很多。利他本质上是真正的利己，也是更好的利己，可以帮助克服自私的想法，但需要以成长自己为基础，才能实现最高层次的自我价值，让人受益终身。

在我们日常生活中，大多数人都习惯站在自己的角度来思考问题，并且以是不是利己为原则。

"利他思维"最早或者说最出名的应该是稻盛和夫先生提出的。

稻盛和夫先生写的《心》一书中详细地写了他的利他之心的历练过程：稻盛和夫小时候家里很穷，和周围的孩子玩的时候，很愿意分享自己的食物，导致很多孩子愿意和他一起玩，他就成为附近的孩子王，这是他最早的利他之心。后来在经营企业的过程中，他继续锻炼自己的利他之心，不断地给客户、消费者、员工以及社会提供价值，他经营的三家企业都进了世界500强，令人尊敬。

稻盛和夫先生很多思想也源自中国，特别是他很喜欢王阳明。在很多场合，稻盛和夫先生都表示过自己的偶像是王阳明，他很喜欢王阳明的两句话，一句是"此心不动，随心而动"，另一句是"良知没处，万法难度"。

只有成全别人，才能成全自己，我们成全了自己的同时，也就成全了别人。生活在当下，我们不但要想现在，还要想将来；不但要想自己，还要想他人。当我们的成功带给别人好处时，别人才会互惠给我们，达到相互进步、形成共赢的效果。我们能获得多大的价值，来源于我们可以给别人提供多大的帮助，而不是我们能从别人那里索取多大的好处。

凡事懂得站在其他人的立场为他人考虑，把双方甚至多方的利益都考虑周到，甚至有时候可以为了达到别人的期望而做出适当的让步，最后的结果就是大家各有好处皆大欢喜。与人合作永远都只拿小头，把更多的利益让给他人。这样做表面上看似吃了亏，可就是因为他有这样的利他思维，大家才更愿意与他合作，从而得到更多更长远的利益。

运用利他思维，让自己的成功给别人带来好处，不知不觉中，你的人脉、资源、做事效率和做事方式都有了积累和提升。

第七章
顶级成功人士成就伟大事业，依赖于五大商业思维

隧道思维：视野不宽，脚下的路也会愈走愈窄

每登一峰，风景不同：

上行二百余步，周围高楼立于足下。

再登三百余步，田野阡陌映入眼帘。

再行五百余步，到达最高峰，莲花群山尽收眼底，山外薄雾升腾，村影朦胧，风景如画。

若不登山，则只能立于水泥楼房之间，视野不过百步。

不同的高度，能看到不同的风景。人生又何尝不是如此？

小时候觉得考上大学就到了最高峰，到了大学才知道独立的人生才刚刚开始。工作后以为人生就到此了，可一次次竞争上岗哪次不是重新出征？

人生的经历就像翻过了一座山，又一座山。过程虽然漫长而辛苦，可人生的高度已经不同。

不同的人，登的山不同，走过的路不一样，注定有着不同的高度。

登高望远者，视野开阔，阅历丰富，更善于看到希望，找到出路；反之，徘徊难行，愁苦自然烦心。

智者，能辨高低，愿跟随登高者前行，人生高度日渐提升；愚者不识优劣，自以为是，故步自封。更有甚者，恶语相向，嫉妒攻心，等着看他人热闹，然而等来的只是登高者远去的背影。

登高者愈行愈远。相信智者会卸下懒惰的包袱，扬起学习的风帆，成为新的登高者，不断提升自己的人生高度，去领略人生壮美的风景。

生活中每一次的成功与失误，幸福与痛苦，都与当初自己的决策有关，和自己的眼界有关。所以在工作和生活中，要不断学习，不断上进，改变观念，与时俱进。

思维决定了人的眼界，眼界决定了人的未来。一个会做事和会处世的人，必定是有眼界的人、有眼光的人，也必定在成功的道路上比那些没有眼界眼光的人更顺利。

真正到达过山巅欣赏过远处风景的人，根本不想在山脚流连忘返，也不想逗留在半山腰。他们只想爬到山顶，再次领略一览众山小的风景与豪情。真正的英雄，是能够超越自我，心怀天下的。

人生，是一个不断修炼提升的过程，而视野决定人生的高度。《逍遥游》中曰："鹏之徙于南冥也，水击三千里，抟扶摇而上者九万里，去以六月息者也。"斥鷃笑之曰："我腾跃而上，不过数仞而下，翱翔蓬蒿之

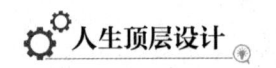

间，此亦飞之至也。而彼且奚适也？"现实生活中，只有眼睛能看得到的地方，脚步才有机会到达，心有多大，舞台就有多大。

阳光就在窗外，只要打开窗，阳光就会洒进来。人生寒暑交替，风雨常来，我们的路从来都不平坦，泥泞和坎坷必定伴随我们终生。但是，我们要坚信，阳光就在那里，永不远去，只要心里充满阳光，阴霾早晚都会离我们远去。

1.除了读书，还要学会"走路"

当下有一种错误的观点，那就是"读书无用论"。在一些人看来，古代十年寒窗之后，一举成名便意味着拥有了地位和财富，以及由此带来的诸多幸福。但是，曾几何时，即使是天之骄子，也不免毕业即等于失业，而家长为了孩子教育付出的成本与其产出往往并不总成正比，便有了种种鄙薄知识分子，看轻知识的倾向。

当然，一个人除了要学会读书，还要学会"走路"。表面看起来，读书与走路是不太相干的两件事情。但是，把二者放在一起，就有一定的现实意义，也充满辩证法。知识是一片广阔的海洋，没有人能胸怀所有知识，同样，万事万物之理也是随手可得，却没有一个人能参透所有真理。

世上的书分两种：有字之书和无字之书。"读万卷书"，说的是读有字的书；"行万里路"，其实说的也是读书，但读的是无字的书。前者可以理解为理论，后者当然就可以理解为实践。学问就是路，脚下就有学问。

2.站得高，才能领悟生命的精彩

从我们懂事开始，总会有一定的追求：一颗糖、一张奖状、一个很好的职位、一部好车等。所以，人生从来不是停滞不前的。古人云"求其上者得其中，求其中者得苦其下"，如果只是追求随遇而安，也许连眼前的安逸也保不住。

有人认为，人生的登高者都要有登山队员一般的强健体魄。其实不尽然，只要有一颗足够坚强的心和一个永远向上的信念，任何人都能到达自己能力的巅峰。

迭代思维：只有不断更新，才能走得更远

在互联网时代，我们常说的一个词叫作"迭代"，还有一句话叫作"小步试错，快速迭代"，无论是小米的雷军，还是腾讯的马化腾，在行业大会中都多次提到这句话。

记得在一次媒体报道大会中，马化腾说："小步，迭代，试错，快跑！到目前为止，QQ已经进行了300多次的迭代。我们所用的App中的每一个越来越好用的功能，都不是以前团队设想的，都是企业团队不停地更新迭代出来的。"

因为"未来是未知的"，谁也不知道这样改是对还是错，只有放在市场里面去检验一下，才知道用户是否喜欢和受用。

"实践出真知"，那些错了的不要理解成犯错，而要理解成试错，要快速地试错或验证，然后再不停地改善，向前奔跑。我们在实际的工作

中也是如此,"先完成,再完美",当自己因为一件事情不完美而裹足不前时,你可以告诉自己,小步,迭代,先完成,再去追求完美。

要坚信微小的力量,而不是一口气吃成一个胖子。每一次小步改善,都是一次创新,一次迭代,迭代的同时自己也在适应,对用户也是一个慢慢教育的过程,叠加在一起,就是一个大创举。

出生在农村的粥左罗老师,起点和普通人一样,很平常。上大学之前没有眼界,没有认知,什么都不懂,就是个小白。大学毕业后,他用四年多的时间,从月薪2300元的穷小子,摇身一变成为创造年收入一千万的有钱人。

粥左罗老师一直都是一个很努力的、严格要求自己的人,因此迭代速度很快,每一次迭代成长的结果成为下一次迭代的起点。

当时粥左罗经历了两次高考,最终不负众望考到了自己梦寐以求的北京,就读于体育大学。毕业以后蜗居在10平方米的地下室,一次偶然的机会,他加入了创业帮,创作出100多篇爆款文章。

一年后,粥左罗被其他公司挖走,任公司副总裁,年薪50万。从摆地摊到服装销售,再到他进入新媒体,后来成为一位大老板,一路升级迭代,复利性地成长。

粥老师的例子说明一个道理:起点低没关系,但是起点不代表终点,人的一生那么长,用迭代思维来看,一定会越走越高,变得越来越好。不需要一开始就很厉害,但需要去努力,在行动中得到提升。凡事先开局，不开局，永远不得终局，开局可以不好，但要开，因为凡事靠迭代，都会成功。

人生就像是一场马拉松比赛，起点不代表终点，需要我们在不断前进的道路上更新迭代自己，不断地去优化自己的人生。每一次对过程的更新称为一次"迭代"，而每一次迭代得到的结果会作为下一次迭代的初始值，每一次迭代会将我们送得更高。

企业必须实时并及时地关注消费者的需求，对消费者的需求变化做出快速的决定。必须及时关注消费者的需求，把握消费者心理的变化，不断更新产品。

我们也常说"好的开头就是成功的一半"，即使没能有好的开头，也要勇敢地迈出第一步，就因为开局不决定终局，我们可以通过质量和口碑进行质量迭代和体量迭代，从低分走向高分。为了我们拥有美好的未来，只能不断革新迭代。

换轨思维：道路不通时，及时换轨

我们从小接受的教育就是：人要立志，百折不回。而现实是坚持未必胜利。更多的是不断试错、转弯和绕行。

走不通时及时更换轨道，才是真正的解困之法。

人生在世，很多时候放得下比拿得起更重要。当你按照原有的路线

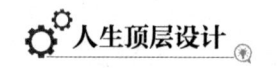

无法完成目标时，果断放弃好过走入死局。

山不转，水转；水不转，人转。人生的捷径，是选对路，找准方向，而不是低头加速，盲目努力。

换轨不是怂，也不是认输，而是懂得取舍的大智慧。换轨是学会及时止损，减少自我消耗。当我们陷入进退两难的境地时，别忘了左右两侧的路和前后的路一样开阔。

换轨思维的出发点也许很不容易，但它的结果总是那么激动人心。想要事情改变，就要改变自己，改变思维。世界上的道路千万条，没有你想不到的。不要一味地按照某种线索去寻找事物，机械式地照老方法办事，不知变通。在道路不通时，尝试用其他方式解决问题。

人生，本就有许多可能。没有哪一条规定，要求一定要选择一条路走到黑的。路不通时，及时换轨，才是对自己人生最好的负责。

表姐30多岁，拥有一份稳定的工作，但在亲戚眼里，她就是个大龄剩女。每次家庭聚会，她都免不了亲戚们的一番盘问。后来，大姨托人给她介绍了一个男生，彼此颇有好感，感情迅速升温，没过多久，就到了谈婚论嫁的地步。

有一天，表姐在偶然间，看到了这个男生的手机短信。她得知，原来他竟然有赌博的嗜好。而且他每个月的工资，几乎都花在赌博上，家里人还帮他隐瞒。

表姐一开始苦口婆心地劝说男朋友不要赌博，容易上瘾。男生虽然不反驳，但也不把她的话放在心上。

有一天，男生突然找到表姐借钱，表姐诧异地问道："你不是刚发的工资吗？输完了？"谁知，男生却不耐烦地催促她，甚至还抱怨表姐，还没进门就多管闲事。

表姐听后，二话不说转身就走了，回家后当天晚上就和男生提出了分手。

第二天，双方父母、亲戚轮番上阵，劝说表姐再考虑考虑，男生会改正，两人走到现在不容易，别轻易放弃，但表姐仍然坚定地选择分手。后来，表姐遇到了更好的对象，而原来那个男生因为赌博而欠下了一身的债务，听说连工作也丢了，到处躲债。

人生会遇到很多不如意，不是每一个南墙，都值得我们去撞。明智的放弃，胜过于盲目的执着。及时止损，抽身远离泥潭，才能重获新生。

换轨不是畏惧胆怯，而是辗转前进。换轨思维就是，在原本道路上走不通时，转化到另一条道路上去，完全摆脱原有的思维，对思维路径做出很大的跳跃。真正聪明的人，是拿得起放得下的，在道路不通时，懂得及时换轨，另寻他路。

在职场当中，我们要不断寻求简单的方法来解决问题。只有想清楚通往今天的路，我们才能清楚而明智地规划未来。

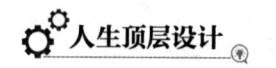

借力思维：用他人的财物，为自己服务

登高而招，臂非加长也，而见者远；顺风而呼，声非加疾也，而闻者彰。假舆马者，非利足也，而致千里；假舟楫者，非能水也，而绝江河。君子生非异也，善假于物也。——《荀子》

我们之所以能爬上食物链的顶端，主要是因为我们善于利用外物，借他人之力，把细枝末节的东西无限放大。遇到问题，我们不要一味地自己钻牛角尖，可以利用周围的人和物，解决问题。

"草船借箭"是我们都熟知的故事。

三国时期，有一天，周瑜要求诸葛亮说："10天之内，可以打造出10万支箭吗？"诸葛亮明知道周瑜故意刁难自己，答应3天就能办好。以当时的条件要打造10万支箭，就是资金充足、材料富余，时间也来不及。

诸葛亮想出一个妙计，打造不出可以借啊。向谁借？自己的军队肯定借不到，那当然是向曹操借。

在一个大雾蒙蒙的早晨，诸葛亮派出20艘木船齐发，每个船上都扎

上了稻草人，当船驾驶到河中央的时候，锣鼓喧天，鞭炮齐鸣，气势撼天动地，假装要攻打曹操的样子。曹操站在城墙上一看，江面上朦朦胧胧的有很多船只向自己军队驶来，曹操以为周瑜真的要攻城了。

于是，命令所有的弓箭手万箭齐发，结果箭一支支都射到了船的稻草人上，于是诸葛亮就满载而归，收到了向曹操"借来的"的10多万支箭。

这就是历史上著名的"草船借箭"的故事。懂得借力发力的人，才能够以小见大，以弱胜强，以柔制刚，才能够四两拨千斤。俗话说得好：借力发力才不费力。

缺少支撑目标的资源时，目光不应仅仅停留在"创造资源"上，应该转向"谁拥有这项资源"，将问题转化为"如何借用这项资源"。当然，所有助益目标的资源皆可借用：借钱、借势、借名、借人、借物、借技术、借人脉、借平台。

举几个例子：

用别人的车子为自己赚钱——滴滴；

用别人的厨房为自己赚钱——美团；

用别人的产品为自己赚钱——淘宝；

用别人的飞机为自己赚钱——携程；

用别人的平台为自己赚钱——微商；

……

曾见过一个很有趣的公式：

幸福程度 = 目标实现值 / 目标期望值

当目标期望值一定时，目标实现值越大，幸福程度就越高。若要目标实现值最大化，就必须拥有借力思维，并为此付出行动。

借别人的时间，可赢得更多的时间，创造更大的效益；

借别人的精力，可减少损耗，专注于擅长之事；

借别人的言行和智慧，能少走弯路，人生也能得以快速前进。

但只有借力，无异于赌博，赢了平步青云，输了一生无为。

把自身努力与借力相结合，才能以最轻松的步伐，打最漂亮的仗。

团结才是力量，合作才能成功。"借力"就是聚集多人的智慧，联合多人的力量，以达到成功的目的。

在职场中，好风凭借力，扶摇上青云。我们都应该学会"巧借东风"的智慧，才能顺利登上人生成功的巅峰。

双赢思维：建立双赢的战略伙伴关系

"上下同欲者胜，风雨同舟者兴，同舟共济者赢"，双赢是双方利益最大化的过程，团结合作，齐心协力，战胜困难的人能取得成功。每个人都有其独特的思维方式，有合作才能优势互补，相得益彰。团结就是力量，联合就是优势。天时不如地利，地利不如人和。利用双赢的思维，会让一些事情变得美妙。

有这样一个故事：

一个董事长想招聘一个秘书，工资也很高，不少人听到超高的待遇，纷纷前来应聘。报名的人都要参加董事长设置的比赛。现在剩下的人还要面临最后一关，谁先到达顶峰并且和董事长握手就能赢得成功，获得此职位。

可是现在，那十个人就差一步到达顶峰，那一步之遥对于他们来说也太难了。凭一己之力根本做不到。这时，有一个人，提出让他的同伴踩着他的肩膀上去，其他人都觉得，这人好傻，这么大好的机会要让给别人，但令他们意想不到的事是，这个人到达顶峰后并没有去握老总的手，而是上去以后把他的同伴拉了上去。

这时，他们一起去握老总的手，老总满意地笑着说："我等你们很久了，这个坡是我找人精心测量过的，即使一个体育运动员也上不来，但两人合作却可以轻松地上来。"

我想要找的就是两个真正懂得合作的人来做我的助手。

单个的人力量是很小的，只有同别人合作，才能完成许多事情。所以不管努力的目标是什么，不管自己有多想得到这个机会，单枪匹马总是达不到目标的，合群永远是一切善良思想的人的最高需要。

从字面上理解"双赢"，就是指合作的双方，都可以获得一定的收益，以至于满意度，而不是此消彼长或者两败俱伤。

"双赢思维"其实来源于博弈论思想，其对立面就是所谓的"零和博

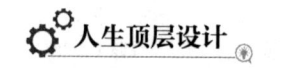

弈",零和博弈就是非胜即败的博弈,比如下棋、球类竞技等。而参与博弈的双方,在严格按照标准进行的情况下,一方的收益必然意味着另一方的损失,博弈各方的收益和损失相加总和永远为"零",双方不存在合作的可能。

从合作角度来看,双赢是双方利益最大化的过程,双方在"双赢的前提假设条件下",需要进行真诚沟通,理智后退,取得彼此都满意的成果。

无论从哪种角度来看,那种"你死我活"的竞争从实质利益、长远利益来看都是不利的,因此,在竞争中应该具备"双赢"思维。

1.竞争对手是"敌手"也是朋友

两军相争,你死我活,非胜即败。在市场竞争中,竞争诸方无一不想胜利,都想获取一定利润,让自己的产品占领市场。假若市场不能容纳下全部竞争者,任何企业都想保存自己而"灭掉"对方。即使市场能容纳下全部竞争者,它们也还是都想力压对手一头。

虽然竞争公司间有点像战场上的"敌手",但就其本质来说又不一样。这是因为:公司经营的根本目标是为社会做贡献,公司的产品是满足社会需要的,公司赚的钱也是国家、社会、公司和员工的,公司间的竞争手段必须是正当合法的。从这种意义上讲,公司之间完全可以相互帮助、支持和谅解,对手之外,自然也可以是朋友。

2.对激烈的竞争对手要友善

做生意,要想赚大钱,面对的市场竞争是激烈的,同行业的公司之间的竞争更为激烈。竞争对手在市场上是相通的,不应有冤家路窄之感,而应友善相处，豁然大度。这好比两位武德很高的拳师比武，一方面要分出高低胜负，另一方面又要互相学习和关心，胜者不傲，败者不馁，相互间切磋技艺，共同提高。

3. 不能用"暗箭"伤害对手

在市场竞争中，对手之间为了自己的生存发展，竭尽全力与对手竞争是正常的现象。但是，在竞争中一定要运用正当手段，也就是说，只能通过质量、价格、促销等方式进行正大光明的"擂台比武"，一决雄雌，切不可用鱼目混珠、造谣中伤、暗箭伤人等不正当手段损伤对手。

4. 不要以一时胜负而喜忧

天高任鸟飞，海阔凭鱼跃。市场是广阔的、多元的，一个有灵敏头脑的生意人，在已被别人挤满的热门市场上，不必因为自己受挤而妒火中烧，应果断地避开众人，踏上冷僻的羊肠小路，同样可以经过一番跋山涉水的艰辛，到达光辉的顶点。在现代商业社会，市场形势是瞬息万变的，此时可能对甲公司有利，彼时又可能对乙公司有利。所以，做生意，应"风物长宜放眼量"，不可以以一时胜负论英雄，更不可以以一时的失利而迁怒于竞争对手。

下篇
做好人生顶层设计，让自己的生命更有意义

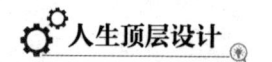

第八章
重视梦想设计，走好实现人生辉煌的第一步

确立自己的人生观、世界观和价值观

听过一个朋友相亲时遇到的离奇经历：

到了 30 岁的年纪后朋友被家里人催婚，在一个阿姨的介绍下认识了一个女生。

女生的各方面条件都很优秀，就是家中有一个三观不正的母亲。相亲本来就不一定能够走到最后，特别是谈婚论嫁的时候，彩礼成了拆散很多人的理由。朋友认为女方所要求的彩礼太高，想着和未来的丈母娘商量一下。结果丈母娘的回答让朋友傻了眼："滚！就你这穷酸样，还想娶我女儿。"

她从来没有想过自己生病的那几天就是这个准女婿给她忙前忙后，

没想过家里没钱治病是准女婿的家里先垫付的手术费。最后朋友选择了离开。

三观不正的人，觉得自己至高无上，如果自己想要获得的利益没有得到满足，就会对阻挠自己利益的一方进行指责。而这种指责脱离了另一方对自己的好意，哪怕自己生病的时候是对方在忙前忙后地照顾自己，哪怕自己最落魄的时候是对方在接济自己。

只要与自己想要获得的利益相违背，他们就会立马翻脸不认人。在这种自己至高无上的态度之下，他们的眼中没有日常相处的点点滴滴，仅有按着钞票来规划的人生法则。与这种人的交涉之中，情已经起不到作用。他们最常见的行为就是双标，忽视别人对他们的好，将自己对别人的需求具象化。

在日常交际中常常用到"三观"这个词，比如，两人交往后，觉得不合适分手，常常用"三观不合"做挡箭牌；社会中遇到一些辣眼睛、颠覆人们认知的事，常常会说"毁三观"。

所谓的三观就是价值观、世界观和人生观，符合大众群体利益，总的来讲就是人们对于世界万事万物的看法。人生观，是由世界观决定的，而价值观则是世界观的核心，价值观一般通过人们的行为取向及对事物的评价、态度反映出来。

一般来说，由于人们的经历不同、阅历不同、观察问题的角度不同、为人处世的方法不同等，形成不同的三观，所以说万事万物无常势，三观的正与不正，也不是一两句话就能概括的，一般都是在事情发生时，每个人对事情的看法能暴露出人的本心和本性。

1. 树立正确的世界观

世界观是一个人对整个世界的根本看法，其建立在人们对自然、人生、社会和精神的科学的、系统的、丰富的认识基础上，不仅仅是认识问题，还包括坚定的信念和积极的行动。

要想树立正确的世界观，就要尊重客观，顺应潮流，与时俱进。客观就是世界，世界是什么样，只能去认识它、适应它，进而改造它。使自己适应客观，才能更好地发挥主观能动性。而顺应潮流，就是要把握时代的主题。现在是努力建设小康社会，实现中华民族的伟大复兴时期，这个就是潮流，不跟着这个潮流，根本的世界观就会出现问题。与时俱进，就是要永远不落后，跟上时代的步伐，走在时代的前沿，才能看得更远。

2. 树立正确的人生观

人生观，是人们对人生问题的根本看法。人生观的主要内容是对人生目的、意义的认识和对人生的态度，具体包括公私观、义利观、苦乐观、荣辱观、幸福观和生死观等。人生观是人们在人生实践和生活环境中逐步形成的，由于人们的社会实践、生活境遇、文化素养和所受教育的不同，会形成不同的人生观。

正确的人生观指引我们走向人生的正道，用自己的劳动去创造人生业绩，成为一个有益于社会和人民的高尚的人。错误的人生观，会导致人背离人生的正道，走到邪路上，甚至成为危害社会和人民的罪人。

要想树立正确的人生观，就要有坚定的理想信念和正确的人生态度，时刻严格要求自己，树立积极进取、乐观向上、厚德载物、自强不息的人生态度。

3.树立正确的价值观

价值观，是人们对价值问题的根本看法，包括对价值的实质、构成、标准的认识，这些认识的不同形成了人们不同的价值观。每个人都是在各自的价值观的引导下，形成不同的价值取向，追求各自认为最有价值的东西。能否树立正确的价值观和科学、合理的价值取向，对个人的发展至关重要。

在人生发展的关键时期，要进行全方位的思考，正确处理个体与社会的关系；要学会生存、学会学习、学会创造、学会奉献。其中，最核心的就是学会如何做人，只有做一个有理想、有道德、有高尚情操，有利于社会、有利于国家的人，才能牢固树立正确的人生价值观。

明确奋斗目标，行动也就有了方向

在我们身边，经常可以看到很多怀有理想的热血青年，也有游手好闲、无所事事的"混世魔王"，东一榔头西一棒，漫无目的地挥霍自己的青春年华；很多年近不惑的中年人，浑浑噩噩，以清茶和闲聊为伍，做一天和尚撞一天钟；有些人表面上看起来忙忙碌碌，其实心中苦不堪言，为生计而奔波，从未享受过生活的快乐和成功的喜悦。或许，他们也有

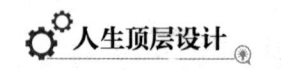

过万丈豪情，只是在岁月的长河里，渐渐消磨了斗志。

这些人之所以如此，是因为他们没有奋斗目标，也就是说没有设计自己的人生清单，像航行在空中的飞机没有导航，其结果不是南辕北辙，就是生命的终结。

美国哈佛大学进行过一个著名的关于"目标"的调查：

一群学历、背景都差不多的年轻人，有90%的人是没有目标的，只有6%的人拥有目标，不过目标模糊，拥有明确而清晰目标的人只有4%。20年之后，4%拥有明确目标的人，不管是生活、工作，还是事业，都远比96%的人成功。这就是目标的力量。

没有目标的人，就像一只无头苍蝇一样，到处乱窜，盲目而不知所措，最终为自己的碌碌无为感到悔恨，很难获得成功。一个人只有拥有奋斗的目标，活着才有意义，做事情才会有动力。

没有树立人生目标，找不到自己的发展方向，就不会取得什么成就。为了确定自己的目标，需要做好三件事。

1. 目标不在多，在于精和少

这天，一个年轻的画家去拜访一位名画家，向他诉说了自己的苦恼：为什么你的画那么受欢迎，而自己的画几乎没人过问。为什么我一年画了十幅画却一幅也没有卖出去。名画家反问他说：为什么不试着十年画一幅画？

可见，不专心于一件事，同时做许多事情，是不会取得成功的。把所有的精力都专注到同一件事情上来，就一定会取得成功。所以，我们应该改变三心二意的做事习惯，明确自己内心最想要的目标。目标不在于多，而在于自己最想做的那件事，只有找到内心最想要实现的目标，心力才会足够大，自发自觉地激励你不断努力。

2.把大目标分解成小目标

有时候目标无法实现，主要是因为目标太大，把目标分解成小目标，实现的阻力就会越来越小。

学会把目标分解，其实就是找到自己的一种节奏，当所要做的事情都有了一定的标准与掌控力后，你就不会感到畏惧，就有了积极性。

有条不紊的小目标有助于有条不紊地安排工作，伴随一次次小目标的实现，内心的心力也会逐步增长，面对下一个阶段目标时，也就不害怕了。

3.立足于当下，调整目标

目标是我们内在的灯塔，但是目标与现实又存在一定的差距，要想面对这种差距，就要灵活处理。

很多时候，我们都不能坚持目标，一旦现实生活中有些情况不如意，就会全盘否定自己。这时候，就要调整自己的目标，面对现实；可以调整自己的方法，确保弹性，让我们继续坚持下来。

许多成功的案例告诉我们，只有立足于现实去努力，才可能取得成功。这也启示我们，目标一定是围绕现实来的。目标是对未来现实的展现，面对自我目标的时候，只有灵活调整目标，才能找到最适合自己的路。

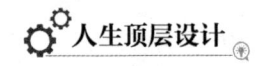

充分了解自己、分析自己

俗话说:"真人不露相,露相非真人。"很多时候我们以为自己看到的就是真相,因为我们坚信"眼见为实"。可在现实生活中,有一个有趣的现象是:我们看到的或许并不就是真相。尤其是在网络盛行的时代,有句话叫作"你看到的,都是别人给你看到的"。就是说,我们看到的所谓"真相",不过是别人"演绎"出来让你看到的而已。或许这一部分也是真实的,只是不够全面。

同样的道理,我们对自己的认识和了解其实也是如此。按理说每个人最了解的人应该就是自己,但俗话说"旁观者清,当局者迷",即我们可能并不如想象中那般了解自己。

生而为人,我们这一生需要学习的东西有很多,需要努力的也有很多,然而最重要的一点,就是了解自己。因为只有了解自己,才能在以后的路上选择自己喜欢的,才能顺风顺水走得更远,才能避免一些错误。

"不识庐山真面目,只缘身在此山中",做人却不能这样。要想了解自己,可以通过以下三步来尝试:

第一步,正确评估自己

要想认识自己,首先要肯定自己的价值。在这个世界上,没有一个人是卑微的，任何人都有存在的意义。不要认为自己是无用的，不要觉得自己没有价值。每个人都是独一无二的，你诞生在这个世界上，就是世界给你的礼物。

其次要发现与塑造自己的价值，慢慢发现自我的天赋是什么、自己喜欢的是什么、社会需要什么。对自我评估得更清楚，就会慢慢知道自己是谁、自己能做什么。

生活中我们都会遇到一些怨天尤人的人说自己怀才不遇，要么就是非常自卑不知道自己能做什么。其实，这些人就没有认清自己，没把自己放到一个大的坐标与格局下去审视自己。需要明白，要想真正认识自己，一定要去观察与探索，把自己放到一个大的系统中，看看我来自哪里、我到哪里去、我的目标是什么……逐渐看清环境对你的影响与塑造。

审视自己的时候，最好不要带有太多的个人情感，不要过分高估自己的能力，如果身边的人对你的评价与自己的期待相差甚远，你就要认真思考一下原因了，找到问题的根源，接下来的事情才会顺利进行。

第二步，不断提升自己

正确评估自己后，对自己有了更深的理解，接下来就要努力提升自己。没有一个人生下来就优秀，也没有任何人一生注定平庸，所有的路都是我们一步一步走出来的，只要努力提升自己，你也能像他们一样变得优秀。如果一时之间你还找不到施展的空间，也不要着急，不要害怕，时机不佳，就请耐心等待厚积薄发。同样，如果你才华横溢并遇到了机会，就大胆地施展才华，让智慧的光芒展示出来，让自己变得瞩目。所以，与其抱怨庸碌一生，不如不断提升让自己优秀。

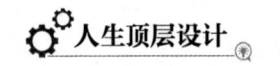

第三步，挖掘自己的潜质

古语云，千里马常有，而伯乐不常有。现实的确是这样，我们不能总等着别人来发现我们的闪光点，要不断挖掘自己的潜质。机会永远掌握在自己手上，一定要把握自己的人生。

其实，了解自己并不难，为什么很多人都做不到呢？请从现在开始，认真思考你想要什么、你的目标是什么、你能做什么，然后，一步一步了解自己，让自己变得越来越优秀。

发挥优势，积极行动

"决定一件事后就快速行动，勇往直前去做，这样才能取得成功。"这句话说的就是执行力。一个人想要获得成功，就应该拥有强大的执行力，绝不能拖延，更不能为自己制造任何放弃的借口。

只有提高自己的执行力，才能走向成功。为什么很多人都有拖延症，执行力很差？这要从我们的大脑说起。

大脑重量占身体的2%，每天消耗的能量却是身体的20%，是身体里消耗能量最大的器官。对于大脑来说，它希望尽可能多地储存能量，尽量避免"消耗能量的状态"。例如，狮子虽然会迫于生存压力进行捕猎，但其他时刻似乎一直在睡觉。因为到处活动会浪费能量，遭遇天敌袭击时，便会落于下风。

大脑偏爱固定的自动化处理模式，倾向于避开全新的挑战或不熟悉的事物，一有机会就会钻空子偷懒。这注定大脑天生懒惰、喜欢随大溜，且禁不住诱惑。

无论是优秀的人，还是勤奋的人，其大脑本质上都具有"惰性"，原因就在于大脑的"高能耗"，因此我们才会有"无法立即行动""无法积极行动"等执行力差的表现。

面临的这些"做不到"，我们没必要责备自己。"做不到"并非自身能力不足，只是大脑"不想做"罢了。不过，分析并利用大脑的习惯，依然可以提高执行力。心理学家进行了大量实验，发现总结了提高执行力的5个方法。

1.分阶段完成目标

科学研究表明，当人类完成某项工作或克服困难时，即体验成功时，大脑都会分泌多巴胺。大脑分泌大量多巴胺，让人产生愉悦感。为了再次获得这种愉悦感，大脑会增强对该行为的学习兴趣，提高相关部位的活跃度。这种倾向被称为强化学习。获得强烈的愉悦感，大脑就会迷上分泌多巴胺的行为。最好不要直接挑战大目标，而是将大目标细分为阶段性小目标。每次达成小目标，都能品味成功的喜悦。换言之，即踏踏实实地积累小小的成功体验。要将重点放在反馈的次数上，而非目标的重要性或达成度。因为目标越大，达成目标所花费的时间越多。一旦过了"望眼欲穿"的心理阶段，就会持有一种"无所谓的心态"：已经等不及了，随他去吧！

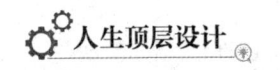

2.养成立即行动的习惯

PDCA 循环，指以 Plan（计划）→ Do（执行）→ Check（评价）→ Act（改善）这四个部分为一个周期，周而复始地循环运转，持续不断地改善做事状态。

人类几乎不可能仅依靠一次努力就彻底改变思维或行为习惯，因为大脑本质上"懒惰且喜爱节约能量"。从大脑的特性来说，难以通过一次指令就完全改变其运行模式。每当达成一个小目标以后，就会增加多巴胺的分泌来进行反馈。多巴胺水平上升会进一步激发干劲，形成良性循环。因此，采用科学健康的手段提高多巴胺水平对我们大有裨益。周而复始地锻炼，促进多巴胺的分泌，让过程成为习惯，阶段性小目标的达成会变得越来越容易。

3.将外部动机转化为内部动机

人做事的动机分为内部动机和外部动机。如果是外部动机，获得奖励或"避免惩罚"等理由就会成为前进的动力。设定目标时，即使采用多巴胺控制法，也难以持之以恒。"内部动机"，内心纯粹的自我意志成为前进的动力。从长远来说，受内部动机驱使而设定的目标更加强大，换言之，即不易半途而废。在潜意识中，把做事情的动机转变为内部动机，从内部动机开始考虑做事情，会大大提升执行力。

4.不要追求满分

从脑科学角度来说，只有放弃追求完美，才能实现立刻行动。通过下调目标，可以让工作速度一下子快起来。拥有超高理想的人或许无法接受这一行为，但下调目标的优点远远大于缺点。首先，它可以降低

"立刻行动"的心理难度，并提供增加成果总量的可能性。其次，重复产出有利于技术的提高。此外，增加成功体验，有助于增强自信心。如此，内心就会渴望挑战更高的目标。或者说，至少可以避免"过分追求完美→无法专注工作→遭受挫折"这一最糟糕的事态。

没有什么规划是一成不变的

人的一生就像登山一样，会有不满足现状和对未来探索的情况出现。面临未知世界，你要不要走，即使知道回不来，你要不要去，这反映了一种精神。但人生远比登山复杂，成功需要如饥似渴地读书，需要在不断试错中积累经验。

曾在网上看过一个有趣的视频：

小男孩告诉爸爸他不想写数学作业，爸爸听后没有动怒，反而笑着说："今天我帮你做作业，你帮我检查，怎么样？"男孩满脸高兴，生怕爸爸反悔，迅速答应下来。爸爸很快就写完了"作业"，拿给男孩检查。男孩认认真真地检查了爸爸的"作业"，一边检查还一边给爸爸讲解错题。殊不知，爸爸故意把所有题都做错了。

这位父亲用反向的方式，让男孩自愿自觉地完成了当天的作业。父亲选择帮孩子完成作业，无论让谁看都是错误的选择，但正是这样的反

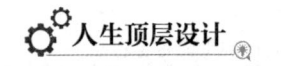

其道而行之，反而达到了更好的效果。

工作和生活中，遇到问题时如果能试着反向思考，那个看似笨拙的错误行为，反而可能转变为正确聪明的方法。孩子一次没完成作业并不严重。就像视频中的那位父亲，在有限的、可控范围内进行权衡和试错。凡事换个角度去看去想，突破思维和视角的局限，反而能更快完成目标。

十多年前，华为公司出现一股离职潮，隔三岔五，科研一线骨干就有人辞职。任正非想改变，却无力解决。如何打破这个局，成为他的一个心病。深入调查了专家们的离职原因，任正非找到了问题症结。原来，华为对技术专家设置了硬性考核指标，虽然保证了专家们的科研积极性，却也让他们畏首畏尾，不敢放手大干。

任正非转变了他的理念：技术导向型公司进行创新，存在反复试错，失败在所难免，要鼓励他们试错。取消硬性考核指标后，公司技术骨干离职问题得到解决，他们安心工作，大胆试错，创新积极性大大提高，发明专利申请数量不降反升，连续多年位于行业榜首。

其实，做任何事情都是如此：要想在前人没有走过的地方，走出一条创新之路，就要尝试一些别人没做过的事，经历一些别人没犯过的错。敢于不断试错，开始破局，就能走在成功的路上。

知道和做到的距离在于三个字："试一试"，人与人之间的差距，就在于是否愿意走出舒适区，接受新事物，勇于去尝试。那些伟大的成就背后，存在着千次万次的试错，而那些成功人士，也都在试错中成长起来。

敢于试错，体现的是一个人的智慧，敢于试错的人，才能在态度、思维和行动上收获新的思考。

1.确定真正想要的人生，从试错开始

很多人常常会陷入一种茫然的状态中，不知道做什么更好，也不知道自己究竟想要的是什么。而缓解这个茫然状态的最佳方式，就是敢于试错，再确定真正想要的人生。没有人生来就知道自己有怎么样的人生，去试试，就知道了，比如工作。

很多刚从象牙塔出来的人都会感到迷茫，究竟什么工作更适合自己。一味参考他人的经验和意见，只是雾里看花。而自己结合实际情况，到不同行业实习，一旦发现不适合自己的，就尽快更换，最终就能发现自己更适合什么。这里付出的试错成本，也只是时间和精力成本罢了。所以，要及时试错，不必吝啬于所花成本。

2.善于从中总结思考并得到感悟

有些人的试错，是喜新厌旧，是一味迷信于试错的次数而忽略试错的质量。有些人，仅仅数次试错，就试出了结果，从而坚定地走那条更适合自己的路。两者之间的最大区别，就是后者更懂得在试错过程中总结思考，并从中得到感悟。比如，笼统地知道了自己更偏向的领域，却无法具体地确认自己更合适什么，就可以根据自己的实际情况对领域内各个方向进行划分、排除，最终确定试错方向。

正确的试错过程，其实不在于确定排除掉一个，而是在这个过程中，获得了经验积累，了解了公司运营规则、行业和市场状态，以及"我"未来需要准备什么，怎样实现自我价值等。

盲目试错，是一种没有方向和目的的试错过程。只有在试错中认真思考，才能真正从中获得有效经验，并提升自己的能力。

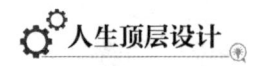

第九章
做好学习设计，让自己行动起来更有力量

制订一份学习计划

学习尤其是持续学习在现代社会的重要性，几乎每一个人都清楚，但"学如逆水行舟，不进则退"，真正能做到持续学习的人永远是少数。

一场大型的招聘会上，一家公司由于名气大，待遇好，前面排起了长长的队伍。来应聘的大多数都是名校毕业的本科生、硕士生，漂亮的简历里面总有三五张获奖证书，证明着他们曾经的优秀。在他们中间，有一位其貌不扬的小伙子，简历跟他的外貌一样平凡——专科毕业，成绩普通，并无多么吸引人的特长。

但他诚恳的态度和朴实的谈吐，给招聘者留下了较好的印象，于是招聘者决定给他一个机会试试："你应聘的这个岗位我们已经有合适的人选了，但我们还有一个岗位需要人手，只是工资待遇比你要应聘的这个岗位要低一些。不知你是否愿意？"

虽然不是自己第一意愿的岗位，但想到能解决目前的就业难题，还可以在这样优秀的企业上班，有机会让自己学到更多有用的东西，小伙子欣喜地接受了那份工作。

进入公司后，小伙子不但勤奋完成分内工作，还利用一切机会和公司的资源学习行业知识和工作技能。功夫不负有心人，一年后，公司职位申请考核，小伙子通过考试，如愿地进入当初应聘的部门。

虽然起跑线不一样，但他最终还是赶上了原本比他靠前的竞争者。

可见，决定我们人生道路的并不是出发点，而是之后的行走方式和态度。

在人生的道路上，每个人的出发地都不一样。走在前面的，如果趾高气扬，不思进取，势必会被后来者追上甚至超越；走在后面的，将姿态放低一点，客观地认识自己的不足，积极弥补，"笨鸟先飞"也未必不可。

现代社会竞争激烈，各种信息和知识更新的速度已经远超过人们的预料，"活到老，学到老"不但是一种值得提倡的精神，更是我们在社会竞争中取得优势的需要。要跟上时代的步伐，不被社会淘汰，在事业上有所成就，就必须保持求知的激情，不断学习，持续努力，不放过一个微小的进步。

知识经济高速发展的时代，想要在社会上立足，必须有足够的知识，而学习是我们获得知识的唯一途径。只有具备丰富的知识，才能拥有更

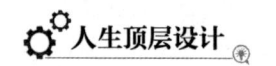

多的选择，更好地实现梦想。学生阶段，学习决定了我们进入社会的起点；而工作之后，学习是我们提升职场竞争力的最佳途径。

知识爆炸时代，知识的更新迭代越来越快，唯有不断学习提升，我们才能跟上时代的步伐，走到更高的位置。我们决定不了人生的长度，但是通过终身学习，可以决定人生的高度。世上没有一劳永逸的工作，你今天的懈怠和堕落，虽然不会让你马上跌入低谷，但未来一定会为你今天的行为买单。只有保持终身学习的能力，才不至于被突如其来的变化打得措手不及。

1.明确学习方向

工作后不能没有方向地学，否则只会是"三天打鱼，两天晒网"。最好能根据工作方向或兴趣爱好，有目的和持之以恒地去学。

2.制订学习计划

工作后的学习必须制订学习计划，因为每天大部分时间都在工作，能够花在学习上的时间并不是固定的，没有相应的计划，很容易被各种突发状况耽搁。学习计划要结合自己的具体学习能力、学习进度和时间来制订。

3.合理安排学习时间

工作后的学习时间都是挤出来的，除了周末，很少有大段的时间来给我们学习，所以要将学习的时间和工作、休息的时间安排好，每天保持一定时间的学习，最好不要今天熬夜学、明天不学，学习时间不规律，就无法养成良好的学习习惯。

4.进行学习输出

自己花费时间去学习了，就要进行总结并输出，比如，可以考相应的证，或在朋友圈、论坛中分享，以这种学习输出的方式获得成就感，有利于促使你进行下一阶段的学习。

5. 积极参加企业培训

工作后学习的机会都很宝贵，不仅要自主学习，还要抓住企业提供的学习机会，积极参加企业的培训活动。

即使遇到难题，也要坚持下去

在生活和工作中，很多人都无法坚持学习，而出现半途而废的情况，比如：

大学的时候为了看懂电影字幕，很多人拼命地学习英语，但过了一两周就放弃了；

工作以后发现短视频挣钱，就急着拍设备课程，专心学了几天，就觉得做不来；

结婚后为了多份收入，想多学点技能傍身，每天咬牙练习，不过半年也就放弃了。

很多人明明有足够的理由去热爱这件事，最开始学习的时候也很投入，但总是逃不过三分钟热度。

对于没有什么学习习惯的职场人士来说，即使有学习的想法，但要想坚持下去，也并不容易，但只要你坚持一段时间，一旦把学习当成了

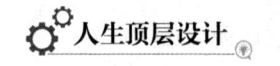

一种习惯，学习也就不是什么难事了。

有个女孩本科学的是理科，但与IT行业不搭边。当助理的时候，她开始自学编程，IT行业的技术人员经常周末加班，作为基层行政人员，她周末原本可以不加班，但她周末依然坚持上班，就是主动给项目组免费打杂，然后找机会向技术人员请教一些她自学中遇到的疑难问题。那些技术人员会很热心地答疑解惑。

技术水平达到一定程度后，女孩一方面继续努力工作，另一方面开始在业余时间自学德语，因为公司总部在德国，她觉得学好德语更有利于自己的职业发展。于是午休的时候，她就跟一些德国同事用德语聊天。她白天忙工作，晚上忙加班，常常晚上十点多才回到家。

因为技术好、德语好，后来她被提拔为项目经理，去德国做了一年多的项目。在德国的时候，她经常与德国客户用德语沟通，德语进步很大，去德国做项目简直等于发高薪让她去德语培训班学习。

回到国内后，她又开始学习法语，因为身边的工作伙伴几乎没有法国人，所以学法语很吃力。但是她依然坚持学习，每天至少学习两小时法语，包括看法语教材、互联网上收看法语电视频道，看雨果、大仲马、小仲马等法国作家的原版法文小说。她的法语进步很快。

公司在全球很多国家都有区域公司，当法国区老大来中国这边出差，她就会用法语和法国公司的老大分享项目经验。法国老大发现她技术很好，法语和德语也不错，经她本人同意后，让她去法国区担任法国区域公司的技术总监。在法国工作了三年，周围都是法国人，已经自学过几年法语的她，语言突飞猛进。

前年，她被德国总部派回中国担任中国区的副总裁。那时她才33岁。一个33岁年轻的女子，不但精通技术，还精通英语（大学就过了6级）、德语、法语三门外语，公司在全球范围内，又有几个人能达到这个水平？她担任中国区的副总裁，大家心服口服。

一遇到挫折就放弃，是很多人半途而废的原因之一。都说失败是成功之母，但并不是所有人都相信这句话。遇到困难的时候，很多人的第一感觉往往都觉得自己不行，然后直接放弃，学习也是一样。比如：

你学视频剪辑，别人说你剪辑得不好看，没有创意，你就直接放弃。

你每天在家背单词，考试结果不尽如人意，你发誓再也不努力了。

你学习写作，发表出去别人评论写得毫无逻辑，你就觉得自己没写作天赋。

在平时的生活、工作中，都会或多或少地遇到挫折，都会犯错，但并不意味着我们就要放弃，应该换种心态，换个思考方式。

任何事情都是相互对立的，只有知道自己哪里错了，才能有进步和学习的空间。和遇到挫折就放弃的心态相比，我们更应该把犯错看作学习进步的好机会，因为只有这样，才能感受到快乐，而非挫败，才能避免半途而废。那么，高效的学习方式有哪些呢？

1.输出

曾经看过一个故事，大概意思是这样的：一个贫穷的文盲却教育出几个大学生子女，有人问他秘诀是什么？他的回答耐人寻味，只要有时

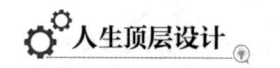

间，就让子女给自己讲白天学到的课。这就是一种输出倒逼输入的方式，也是最佳的学习方式。比如，可以把学到的东西，融入自己的思考，输出为一种图文写作。随着自媒体的参与者越来越多，竞争越来越激烈，好的图文必须融入自己的思考，加入自己的特色。使用这种输出方式，能更好地加深理解和记忆。

2. 实践

理论与实践相结合，其实就是非常好的一种输出方式。理论是在实践中获得的认识和经验，加以概括和总结所形成的知识。科学的理论是从客观实际中抽象出来，又在客观实际中得到证明的，正确地反映了客观事物本质及其规律的理论。比如，可以把学到的技术类理论、技巧等，通过实际操作，解决和处理问题，实现输出。通过操作来增强记忆，验证理论，实现更好的学习目的。

3. 交流

学习的交流，就是找到兴趣相投、爱好相近的人，组团进行学习。这类似过去的兴趣小组，现在信息发达，完全可以用微信群等社交软件来实现。这种方式更适合碎片化时间学习，不要小看组团学习的效果，这可是集鼓励、互补、攀比、监督、奖惩等多种方式于一身的好方式。

选择适合自己的充电方式

无论是刚步入职场的大学生，还是职场打拼的白领，或是谋求更大发展的职场精英，为了在激烈的竞争中突围，都希望通过深造增加竞争砝码。

职场深造的途径众多，比如，培训、考证、考研、留学，不同的途径有着不同的特点，有时在选择时难以取舍。那么，目前最受欢迎的职场深造途径有哪些？各自适合什么样的职场人士？为此，我们进行了对比分析。

1. 培训考证

证书是众多职场新人求职时的必备条件，不少职场人也依靠它来升职加薪。企业对求职者最初能力的判断，很大一部分都以证书为准。不同级别的资格证书，代表了所属领域的专业水准，用证书为自己"镀金"，是时下求职者屡试不爽的"捷径"。

不同的证书，学习时间和难度都各不相同。CPA、ACCA等国际权威资格证书含金量高，但考试内容范围广、难度大，通过率低。普遍通用的英语四级证书、计算机等级证书这类"入门级"证书，通过率较高，相对含金量也较低。一般来说，即使难度低的证书考试，也需要花费一

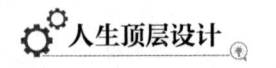

年的时间准备；一些难度较大的国际性证书考试，对考生的专业和英语要求都很高，可能要花费更多时间。

需要提醒的是，证书只是一个专业能力的参考依据，并不是有了证书就能代表一切，关键还要看工作中的实际水平和发展潜力。

2.短期培训

短期培训以外语培训、计算机培训和管理培训为主。利用下班和周末时间充电，是不少职场人提升专业能力的方式。短期培训课程根据时间、级别的不同，学习费用差别很大。语言类的培训最受青睐，英语对于许多身处外企的职场人士来说已成为硬性标准，高端外语培训课程，特别是小班制外教口语班的收费一般都在两万元以上。相比之下，管理类课程的收费就更为高昂，MBA动辄十几万元的学费，也不是每个人都能轻易去学的。

短期培训的学习难度不大，只要学习目的明确，学习过程中认真对待，通常都能有所收获。这类培训一般花费半年至一年时间即可完成，优点在于可以合理安排课时。

3.在职硕士

虽然这些年企业对于学历的要求不再死板苛刻，更看重员工实际的工作能力，但不可否认的是，高学历依然是竞争力的一个标准，更是很多中高端岗位的敲门砖。

职场竞争日益激烈，攻读硕士课程，提高学历层次，成为众多本科毕业入职多年人士的选择，这一人群普遍认为提高学历是获得职业发展的捷径。尤其是近年来异常火爆的MBA课程，更是受到在职人士的热捧。有数据显示，很多人报考硕士研究生的主要原因是提高就业竞争力，其次是想继续深造，提高学术研究能力。此外，超过一半的人认为研究生学历对就业影响较大，可以提高就业薪酬满意度。

当然，考研并非越早准备越好，长时间的准备会过早进入疲劳期，一般来说提前一年准备即可，但对基础知识不够扎实的职场人士，则需两年左右的准备时间。工作繁忙的职场人士，攻读在职硕士学位需要合理安排时间，也要做好吃苦的心理准备。

4. 出国留学

出国留学并非在校学生的专利，随着就业压力日益加大，在职人士同样可以选择出国深造镀金。有数据显示，硕士学位、短期技能和语言培训课程，是在职人士出国留学的主要选择。

出国留学涉及语言考试、申请学校、办理签证等众多环节，至少要提前一年进行准备。选择出国留学，外语考试是必过的条件，通过了 TOEFL、IELTS、GRE、GMAT 等语言考试，才能申请心仪的学校。一直以来，出国留学都是一笔价格不菲的投资，想要得到巨大的回报，必须认真制订留学计划，明确留学的目标，也要充分考虑自己的资金能力。

职场需要什么，你就学什么

互联网时代，面对海量的学习资源，我们无法做到"全盘接收"，必须根据自身情况，合理选择能够长远帮助自己的学习内容，即学习要有针对性。

小果是一家综合性宾馆的接待员。由于组织架构调整，小果和小星都被选调到了专门接待外宾的接待厅，除了负责日常的客户资料对接和整理外，必要时还要到最前方为外宾点餐下单。

非科班出身的她们勉强撑过了前两周后，小星选择了离开，她的理由是："我本来是一名优秀的接待员，会议组织、客户档案整理、沟通协调能力样样过硬。现在涉及外宾，我要重新学英语吗？那还不如找一家规格尚可的宾馆、酒店或接待所，既能在工作经验经历上有所延续，又无须从头拾掇英语，更何况现在的学习效率大不如前，坚持下去无疑是折本买卖啊。"

小果却不这样想：如果小星的离开是经验经历的延续，那我的坚持将会在相关工作能力方面继续精专。外宾接待，是酒店管理中的一个重要分支，把外宾接待工作做好，能有效增强我的个人核心竞争力。

为了练习英语，小果决定进一步聚焦学习目标：从为外宾点菜下单开始。于是，小果拿起菜牌，学习里面各种菜式的英语表达、发音、写法，一有机会就主动到前方为外宾点菜。没过多长时间，小果的外宾接待能力就提高了，下一步她打算专门解决行程安排方面的英语沟通问题。如今在接待外宾时，小果混在英语专八的同事间也毫无压力。

对于职业者来说，有不计其数的学习方向和内容，那么我们该如何选择呢？这个答案并不难，学习的内容一定要有利于职业规划目标的实现。如果想搞技术，则要好好研究更深入的业务技能，多拿证或向高学历进军；如果想搞管理，则要学习管理理论和技能；如果想搞金融，要精通国际贸易、财务、股票、期货、投资等，还要熟悉国内外经济形势；如果想出国，则要玩命学外语等。没有职业目标而随意地参加各种学习和培训，纯粹是浪费时间。

现在，面对越来越激烈的职业竞争，不少职场人士选择在假期"充电"，为自己未来的发展不断努力。激烈的人才市场竞争时刻提醒着每个人，必须不断地自我增值，一旦举步不前，就如同耗损的电池般失去了应用价值。然而现实生活中，乱充电、充错电的现象并不少见，轻则浪费金钱和精力成本，重则让自己的职业生涯陷入窘境。

职场充电、职业培训对于个人职业发展的意义不言而喻，如何才能避免培训中的盲目现象，制订出真正适合自己的培训规划呢？在制订职场充电计划的时候，可以从自己的目标岗位来着手，一步步深入，不能急于求成。

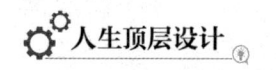

以下"八知八懂"是新进职场员工首先要学懂弄通的。

（1）知道公司的业务范围，懂得公司主营业务，作为一名员工，要了解公司为什么做这项业务。

（2）知道公司的主要产品的性能、功能、懂得它的主要生产流程，了解本职岗位产品的生产工艺。

（3）知道公司的主要产品在国内、国际同行业中处于什么水平，懂得产品发展的瓶颈在什么地方，了解改进产品性能、提高产品质量的研究探索情况。

（4）知道公司各中层主管是谁，懂得中层主管的权力和影响力运用的主要方式，了解深层次问题。

（5）知道公司经营理念及其提出人、历史情况和其真正内涵，懂得如何遵守它、实践它、运用它和用好它。

（6）知道公司的工作纪律、作业纪律和其他职场纪律，懂得如何别碰底线，了解因为违反纪律而受到惩罚员工的情况。

（7）知道该行业技术能手的"拿手"技术，懂得这些技术对于提高产品质量所起的作用，了解关键技术的诀窍。

（8）知道公司销售的策略，懂得提高销售质量的内容、销售的过程、销售的结构、了解销售的结果。

化整为零,抓住工作之外的时间来学习

你遇到过这种情况吗?一天忙忙碌碌,却感觉什么都没有做。每天都想学习上进,但都是空落落,一年下来,你还是原来的你,并未学习储备自己的知识和能力……其实,你也知道,每个人都是终身学习者,学习是最高贵的捷径,收入是能力的转化。但能怎么办呢?每天一来到公司就忙忙碌碌地开发客户、回邮件、处理样品/大货、对接客户、参加会议……回到家,已经筋疲力尽,此时此刻的你,只想放松地躺着。

其实,只要懂得"碎片化时间聚焦",在成长的道路上,你的路就能越走越宽广。

碎片时间,通常是指可以自由支配的、能保障生活基础和生活主业以外的时间。比如,坐地铁的时间、等候的时间、睡觉前的时间等。相对于碎片时间的利用,被时间碎片化是指,在一整段时间里被碎片化地做与重要事情无关的事情。比如,当我需要专注地写总结时,不停地打断自己回个微信、读个新闻、听个音频……结果一天过去了,总结没有完成,迫于领导压力,还得把碎片时间用上去完成这项工作。

每个人的固定碎片场景基本可以分为四类:早起时间、通勤时间、睡前时间和无聊时间,我们可以根据不同的碎片场景去选择学习强度,

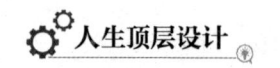

比如，早上和通勤的时候大家通常比较紧迫，需要把专注力放在等车、坐车、赶路上，不适合有难度的知识点来学习，所以早上和通勤这两个时间段，可以选择比较轻松的知识点来学习——听音频课程。而结束一天劳作洗完热水澡躺在床上的时候，精神通常是最放松的，可以选择稍有难度的知识点学习，加强记忆。

工作外的 8 小时，才是决定和同龄人差距的关键因素，但是，如何才能真正用好这 8 小时呢？

1.列出你的碎片时间段，贴标签进行分类

碎片时间的特点是短而散，不可能集中用来做一件"大事"或系统性的事情，要好好想想你的碎片时间有哪些，然后，把它们写在纸上，贴上标签进行分类。比如，我的碎片时间段有早起时间段，适合运动、音频学习、阅读；上下班路上，适合听音频；中午休息间隔，适合看视频、听音乐或冥想；晚睡前，适合冥想、阅读、写作；等人的时间段，适合回复信息、听音频等。

2.清楚自己偏好哪种学习方式

把碎片时间事情分类好以后，还要了解一下自己偏好哪种学习方式。一般有两种类型：听者型和读者型。根据以往的学习经验，对比一下你适合哪种学习方式。是看多一点呢，还是听多一点呢？比如，我听音频时的专注力很高，学习效果相对于看书要好很多。所以，一般选择音频方式学习重要的内容。

3.确定自己的学习目的

清晰了自己的碎片时间和所擅长的学习方式，接下来你就可以进入碎片化时间学习的执行部分了。比如，你想利用碎片时间提升自己的写作能力，就要找到一个具体的目标，比如，学会如何选题。在接下来的碎片化时间，就可以在阅读的时候有针对性地分析一些爆款文章的选题范围或热门话题。

4.保持良好的心态

多数想利用碎片时间学习的人，是想通过提升自己来实现人生逆袭。但碎片时间的特点是短而散，若想在短时间内提升自己，除了上述分享到的几点经验外，保持一个良好心态也很重要。如何保持良好心态呢？建议你控制好做事的节奏，做事张弛有度。因为每个人的生物钟不一样，一天当中总有一段时间是办事效率最高的。所以，如果你早上精神好，就尽量在早上安排重要的事，下午和晚上做一些相对轻松的事。

第十章
规划职业设计，更好地游刃于职场生涯

做好自我盘点，更好地了解自己

很多时候，我们都不曾真正地了解自己，以为自己就是想象中的样子，然而事实上，自己与你认为的自己是有着差距的。

了解自己，另一种说法叫作自我认知，这个认知不是一个简单的过程，而是一个相对复杂漫长的过程。有的人，到老了都对自己不了解。

（1）你在面对冲突的时候通常有什么反应？

（2）你在面对压力时通常有什么反应？

（3）你在面对不被理解的时候通常有什么行为？

（4）当有人违背你的"和谐"价值观的时候，你作何反应？

（5）你遇到挫折和失败的时候会如何做？

以上这些，在你进入职场、社会，进入亲密关系和家庭关系之后，都会时刻地展示出来，如果你了解自己的下意识行为和思维，就可以做出调整；如果不了解，就会产生一种似曾相识的感觉，反复单曲循环出现："眼前的这种感觉、这种场景好像在哪个时间发生过。"

现实生活里，95%以上的人都处在第一种状态：不知道自己不知道，只会迷失自己。在同样的起跑线上，很多人都不知道自己真正的需求是什么，看似努力过，却是盲目的，最终达不到理想的结果。而知道自己适合什么样的职业，才能获得事业的成功；知道自己适合什么样的节奏，才能享受生活的美好。

心理学上的"自我认知"是一种意识状态，包括认知自己的价值观、人生方向和目标，认知自己的性格特征，认清自己的优势和劣势，觉察自我的情绪变化、原因等。

人最难认识的就是自己，只有正确地认识自己，充分了解自己的职业兴趣、能力结构、职业价值观、行为风格、自己的优势与劣势等，才能进行准确的职业定位，并对自己的职业发展目标做出正确的选择，才能选定适合自己发展的职业生涯路线，从而有一个良好的职业发展。

那如何进行自我定位呢？可以结合以下三点来确定。

1.喜欢干什么

这是对自己职业发展的一个心理趋向的检查。如果是以兴趣为支点来进行自我定位，会以快乐作为导向，并不一定在乎眼前挣多少钱，也不在乎将来获得什么地位与荣誉。根据自己的兴趣爱好去选择自己喜欢的职业，工作的过程中获得更多的是享受，也更容易成功，更利于职业稳定及职业发展。

2.能够干什么

这是对自己能力与潜力的全面总结。个人职业的定位最根本的还要归结于他的能力，而他职业发展空间的大小则取决于职业潜力。要想了解个人潜力，应该从几个方面去着手，比如，对事的兴趣、做事的韧力、临事的判断力以及知识结构是否全面、是否及时更新等。

3.适合干什么

每个人的性格特点、行为处事方式、受家庭成长环境等因素影响都有很大不同，要根据自己的个人特质等内部因素来确定一个合适的职业。比如，相对于外向型的人，内向型的人从事销售行业，成功的概率偏低，即使成功，也要付出更多的时间、辛苦和努力等。

进行自我定位的时候，会因为一些主观误判出现定位不准确而影响就业，主要表现为：

1.缺乏自信

缺乏自信有很多种表现，比如，认为自己缺少专业技能，缺乏工作经验，处理不好人际关系，沟通协调能力弱，应变能力差，或者觉得自己所学的专业职业选择面太窄等，甚至认为自己没有任何职业价值。

信心不足产生的原因很多，有来自自身心理上和生理上的不自信，也有来自周围环境、家庭成长环境的不自信，抑或是来自生活压力、社会压力的不自信等，但主要还在于自身的心理因素。

这样的求职人员在求职中常常会表现为：自己拿不定主意，过分退缩，对自己能胜任的工作，不敢说"行"，总是说"试试看"等。连自己都不相信的求职人员，用人单位怎么愿意用？

2.过于自信

只有客观认识自我，才能进行准确职业定位。过高地估价自己，眼高手低，认为自己一直以来都很优秀，想当然地以为自己的身价颇高，盲目地提出高待遇的要求，结果遇到实际问题却束手无策，自然难以受到用人单位的青睐。

除此之外，包括性格、专业、就业半径、身体状况以及不得不考虑的家庭因素等，这些都是自我定位必须考量的因素。如不能做出正确的判断和选择，都会影响成功就业。

熟悉自己的优势和劣势

陶子今年23岁，正值青春年华，漂亮可人。但因为天生手指关节肿大，尽管她绘画天分很高且毕业于专业的广告设计院校，但一直很自卑。她觉得自己的手永远没有期望中的秀美，握笔所写的字也永远没有心中所期望的娟秀俊逸。带着这样的自卑和忧伤，已毕业半年多的陶子还是没有找到合适的工作。她感到很绝望，无论家人和同学怎样鼓励，她都选择闭门不出，在自己的世界里宣泄烦恼。

一次偶然的机会，好友李蕊在网络上看到一家大型广告公司准备举办设计大赛以招募人才的消息，急忙找到陶子并告知她消息的确切网址。看着家人和好友兴奋的样子，陶子只淡然地苦笑一下，交谈片刻后便回

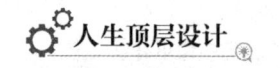

到自己的小屋子里。

陶子无法告诉家人和朋友实情：她曾应聘过一家实力很强的广告公司，待面试复试合格后，激动的陶子与面试官握手以表谢意，面试官微愣了一下，待陶子离开面试地点一刻钟后，她便接到了电话："不好意思，公司刚进行了人事调整，设计岗位暂时不缺人。若有机会再另行通知你，到时可以直接上班，我们很看好你的潜力……"

手里拿着自己命名为"悲伤的微笑"的绘画稿，陶子心中对那次打击虽然看淡了，但还是怕悲剧再次上演。不过，她知道自己有被录取的实力，最终抱着淡定自然的心态，重整旗鼓，连夜赶出了仍命名为"悲伤的微笑"的广告设计稿。

一个月后，陶子以第一名的成绩和其他两位优秀选手一起参加了颁奖晚会，广告公司老总亲临颁奖，并与三人一一握手表示祝贺，令陶子无比惊讶的是，这位广告大亨的右袖里居然空无一物。陶子在与未来顶头上司握手的一瞬间，突然充满了力量，她知道自己会得到尊重，也知道自己不应该为自己的缺点而继续自卑下去。

可想而知，如果陶子一味地因自己的缺点和不足而逃避，不能积极地面对，慢慢地就会为自己的人生所抛弃。

常言道，"金无足赤，人无完人"，人生在世，谁没有缺点、瑕疵呢？有了缺点和不足并不可怕，重要的是自己的态度，是自欺欺人地逃避掩盖、视而不见，还是勇于面对、加以改正？态度不同，人生的境界自然也大不一样。

在职场中完美之人少之又少，绝大多数人都有各种缺点和不足。例如，不善于和人交流沟通、团队合作意识淡薄、不善于察言观色、缺乏自动自发性、不善于细心钻研、缺少创意、拍脑袋想问题、不够细致、不求甚解、做事毛躁、缺乏持久的耐力和信心等。每个人都应该清晰地认识到：在职场生涯中，必定要经历由弱变强的过程，在这个过程中，注定会暴露自己的缺点和不足。但是，只要我们努力做好，勇于发现和改正自己的缺点，相信每个人都会成为一个完美的职场人。

缺点和不足伴随着我们的成长，只有正确面对自己的缺点和不足，才能真正面对自己的职场人生。所以，不满自己的性格便要在德行上提升；不满自己的外表便努力在才智上超群；不满自己的表现便努力在行动上完善；不满自己的浅薄便用知识去填充……

当然，敢于正视自己的缺点和不足并不是一件容易的事情，因为它是勇者的抉择，需要你有勇气在世人面前将自己的缺点展现出来，要面对世人不屑的目光，挑战自己，克服自己的心理障碍；它是智者的抉择，需要你积极主动去发现自己的缺点和不足，并通过自己的努力将其完善，做到无懈可击；它也是成功者的抉择，需要你将自己的缺点和不足巧妙地转变为优点和长处，让自己站在职场优秀者的前列，离成功更近一步。

那么，我们应如何认识自己的优点与缺点呢？建议如下：

1. 认真反思

"吾日三省吾身"是先贤早已总结出来的让自己进步的方法，是一种态度，更是一种前进的力量。职场中的我们，同样的工作重复去做，也变不成工程师；同样的问题一犯再犯，只能让问题更严重。想要有提升，

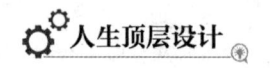

就需要在错误中总结,定期复盘,及时改进。每天坚持反思,能让自己更清楚地认识自己。

2.有针对性地改正

缺点,通俗点讲就是一种长期形成的不良习惯。反思发现自己的问题,并从内心想改正,便是内驱力。另外,不要着急一下子改掉许多缺点,要给自己制订一个计划,规定一个时间段,只对一个缺点进行改进,会让自己更有信心改正接下来的不足。

为自己的职业设定一个远大的目标

每个人都想在职业生涯中有所收获,确定一个职业发展目标,便是一切努力的前提。那么,如何制定职业发展目标,职业发展目标又该具备哪些要素,才能有助于自己的职业发展呢?

看过《奇葩说》的人,可能都记得这个名字——詹青云。

在《奇葩说》里,詹青云展现出了犀利、冷静、逻辑的思维能力。他和陈铭那一场辩论,堪称神仙打架。因为这一场比赛,很多人成了詹青云的粉丝,为她那"腹有诗书气自华"的气质所吸引。当大家知道,她贷款百万就读哈佛大学的时候,很多人都把青云当成了励志人生的代表,但很少有人站在职业角度来说这件事情。

其实，詹青云一开始的目标就很明确，看看她的经历就知道了：

詹青云，出生于贵州，本科就读于香港中文大学，哈佛大学法学博士。

2014年，在第二届国际华语辩论邀请赛上，香港中文大学研究生詹青云荣获最佳辩手。

2015年，获得《精彩中国说》节目总冠军。

2018年，在"2018华语辩论世界杯"中荣获"最佳辩手"称号。

其实，早在《奇葩说》之前，詹青云就已经在辩论这条路上走了很远，而且"辩论"和她所学专业是那么地契合。

我们可以很确切地说，这一切，其实早在詹青云成名之前，就已经做好了铺垫。她早已经为自己的职业发展做好了充分的准备，有着非常明确的目标，后来在《奇葩说》走红，只不过是顺势而为罢了。

有着长期目标，并一路为之奋斗的人，都会让人有种人生开挂的感觉。因为他们早早确定了自己的长期目标，并且一直朝着这个目标努力积蓄势能，最后厚积薄发，形成了复利式的增长。

进入职场后，在日复一日的工作中，很多人可能会感到迷茫，也有人会对未来感到不知所措。这时候，就需要为自己制订一个职业目标规划。有了职业目标规划，才能更好地对职场生涯中潜伏着的各种问题有所准备，避免在问题来临时不知所措，并从容应对。

如果你是刚进入职场的新人，可以做一做这样的职业目标规划，以便对自己和自己的这份职业有更清醒的认识，对自己的未来更有目标，

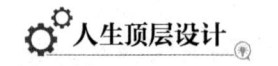

而有了目标，你才更有动力去实现这个目标。

1. 自我评价

你要全面了解自己。好的职业目标规划，需要建立在充分认识自身条件的基础上。要认识自己并了解自己，在做职业目标规划之前要弄清楚自己想做什么、能做什么、应该做什么。

2. 明确目标

职业目标的制定包括短期目标、中期目标、长期目标和人生目标。短期目标要现实可行并且目标清楚明确，中期目标不单单要现实可行还要有激励价值，而长期目标和人生目标需要尽量放得长远一些，不必非常具体，可以放眼未来并推测你想要的职业的进步和发展。

3. 环境评价

要充分了解并认识你的职业所处的环境，分析换季的特点以及发展变化，把握好环境的优势和限制。

4. 职业定位

职业定位就是要将你自己的能力、潜能和主观客观条件与你的职业目标进行最佳的匹配。良好的职业定位是你用自己最好的性格、最好的才能、最好的环境和最大的兴趣等信息作为依据的。

5. 实时策略

目标的实现需要有具体的行动措施来保证，没有行动，你的职业目标也只会是一个梦想。

6. 评估和反馈

你的职业目标规划需要你在实施的过程中不断进行检验，要看看每个步骤在实施的时候效果如何，需要及时地发现问题，并根据实际情况进行调整和完善。

不过，目标不够具体是很多人容易犯的小毛病。目标不够具体明确，不能有效衡量，就可能很难实现，因此目标需要符合以下原则。

1. 目标要具体、可衡量

对于职场人来说，我们要实现自己的目标，越清晰，就越容易实现。比如，要成为公司里很厉害的人，但不知道究竟做到什么职务才算厉害，如果将职业发展目标改成：3年成为公司部门主管，5年成为公司经理，8年后成为公司最年轻的总监，这就是目标，因为已经比较具体了。

2. 目标要切实可行

职业发展路上，确定目标后，可以将目标分解成年、季度、月、周甚至每天，提醒自己是否朝着自己的目标前进。如果目标没有达成，就要分析原因，适时做些调整。要反思，是否自己太懒，是否战术不对，还是需要提高个人能力。看看自己的短板在哪儿，然后针对自己的短板进行学习。

做好职业环境分析

有一句广告词非常经典："心有多大，舞台就有多大。"作为新时代的弄潮儿和主角的大学生，从学校的小舞台进入社会的大舞台，是否已

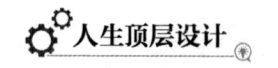

经做好了充分的准备？如何在社会的大舞台尽情地展示自己的才华呢？对于这个大舞台，你又了解多少？要想制订有效的职业生涯规划，就要全面认识、了解自己，也要清楚地认识外部环境特征，以评估职业机会。为了更好地进行职业选择与职业生涯规划，还要对外部环境进行分析，弄清环境对职业发展的要求、影响及作用，对各种影响因素加以衡量、评估，并做出反应。

1. 社会环境整体分析

（1）家庭环境分析。任何人的性格和品质的形成及个人的成长都离不开家庭环境的影响，制订职业生涯规划时，人们考虑更多的是家庭的经济状况、家人期望、家族文化等因素对自身的影响。个人职业发展规划的确立，同自身的成长经历和家庭环境是相关联的。个人在成长过程中，在不同时期也会根据自己的成长经历和所受教育的情况，不断修正、调整，并最终确立职业理想和职业计划。正确而全面地评估家庭情况，才能有针对性地设计适合自己的职业规划。

（2）学校环境分析。学校环境是指所在学校的教学特色与优势、专业的选择、社会实践经验等。

（3）社会环境分析。对社会环境因素的了解主要包括以下几个方面：

社会政策。主要是人事政策和劳动政策。

社会变迁。比如，知识经济和信息化社会的发展，会对人的职业生涯发展产生较大影响。

社会价值观。价值观会随着社会的发展和进步而发生不同程度的变化，从而影响社会对人的认识和对职业的要求。

科学技术的发展，带来了理论的更新、观念的转变、思维的变革、技能的补充等，这些都是职业生涯规划中不可或缺的要素。

2. 组织（企业）环境分析

同样的行业，有的人觉得越干越有意思，有的人却整天在思索如何换行业。同样的工作，有的人工作非常愉快，有的人却不开心。其实，只有知道什么行业适合自己，找到适合自己的环境和氛围，才会心情愉悦、充分发挥才能、高效投入工作并取得成功。

（1）职业环境分析。职业环境分析，就是要认清所选职业在社会大环境中的发展状况、技术含量、社会地位未来趋势等。比如，当前热点职业有哪些，发展前景怎样，社会发展趋势对所选职业有什么要求，影响如何等。

（2）行业环境分析。行业环境分析包括对目前所从事行业和将来想从事的目标行业的分析。分析内容包括行业的发展状况、国际国内重大事件对该行业的影响、目前行业优势与问题何在、行业发展趋势如何等。

（3）企业环境分析。企业环境一般包括单位类型、企业文化、发展前景、发展阶段产品服务、员工素质、工作氛围等。首先，要确定自己适合什么样的企业文化、什么样的环境，从而找到真正适合自己要求的公司。每个人都面临着这样一个严肃的事实：必须长期努力地工作，花费几年时间做自己不适合的工作，就是在浪费生命、浪费组织的信任。

（4）地域(城市)分析。大城市发展机会多，小城市比较稳定；沿海城市经济发达，内部城市发展机会多等问题都对职业生涯规划有着重要的影响。如今市场形势变化极快，在做环境分析时，需要适当考虑时间这一因素。

加快速度，今天的工作今日毕

工作中，你有没有遇到这样的情景：

每天都感觉时间不够用，忙忙碌碌的一天下来，却也做不了多少事；即使每天工作很卖力，下班的时候仍然完不成当天的工作，别人半天就能完成的事儿，你却一天也做不完。

每天按部就班地工作，本以为按照最熟悉的流程会是最快的，最后却发现这种最熟悉的流程，却并不是最高效的。

每天面对一团乱麻似的工作，不知道怎样才能做完，经常会把今天的事拖延到明天再去做，然后就成了今日复明日，明日再复明日，似乎有永远做不完的工作。

深夜加班晒个朋友圈，本还想着领导看了能给你点个赞，却不想他早已悄悄把你拉进他的黑名单。

你以为领导会表扬你吃苦耐劳，踏实肯干，领导却视你为团队的"后腿"，因为同样的工作量，别人都做完了，而你却还要加班做。你不但不能按时下班回家休息，还因为加班而浪费了公司的水电。更重要的是，加班不一定就能出好结果。

……

遇到上述问题，我们往往会感到苦恼、焦虑。其实，并不是你不会做事，也不是工作比别人慢，而是你没有合理安排工作时间。

拖延是最致命的事业"杀手"，几乎每个人生命中的遗憾都与拖延、犹豫、不及早面对、不彻底解决有关。拖延恶习对于职场中人，危害尤其严重。每天都有每一天的事，把今天的事拖到明天去做，即使不造成严重的后果，也会浪费双倍的时间。

如今，许多年轻人有熬夜的习惯，到了第二天，真正需要打起精神工作的时候，却呵欠连连、精神不济。许多人习惯在最后一分钟才走进办公室，然后对别人抱怨坏掉的闹钟和越来越拥堵的交通。

面对纷繁芜杂的工作，许多人整天都在忙忙碌碌，却在不经意间漏掉了最重要的工作任务；他们埋头于琐碎的日常事务，兢兢业业，工作质量却无法令人满意；他们开始时劲头十足，却常常因为困难而半途而废，给自己和别人都带来压力。

做事之所以经常拖拉，主要原因如下：

（1）总是找借口，没有真正负责任地去做。以运动为例，许多人会找出各种借口，来解释自己"今天"为什么不适合出去运动，比如，"我很累，而且外边在下雨"。"我最近事太多了，一天或一个星期不锻炼也没有什么大不了的。"相比之下，真正对自己身体负责、下决心锻炼身体的人，根本不去找任何借口。

（2）不知道事情的轻重缓急。许多人人缘不错，工作很卖力，但总是拖拖拉拉，不能按时完成任务。他们总是满腹委屈："我每天都很忙，

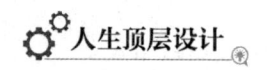

一刻都没有闲着,为什么还是没完成?"他们并没有认识到,他们拖拉的原因是没有抓住工作重点,不能区分工作中什么是重要的,什么是次要的。不能在正确的时间,找正确的人一起做正确的事,自然无法得到预期的结果。

(3)没有长远的目标,做事不能持之以恒。许多人拖延的原因,是不能执着于预定的目标,遇到一点困难就轻易放弃了自己的追求。

为避免拖拉带来的被动结果,凡事做到今日事今日毕,有以下建议和策略:

(1)做正确的事,坚持到底。首先要明确自己的人生目标,你所从事的事业应该是你所喜欢的,且能发挥你的优势,能够使你脱颖而出,有机会成为佼佼者。人人都能下决心做大事,但只有少数人能够一以贯之地去执行他的决心,也只有这少数人是最后的成功者。

(2)正确地做事,提高质量与效率。正确地做事,关键是要与正确的人合作,选择正确的时间,确定正确的顺序等。开展工作之前,先想想"该如何做才最好",思考其最短的捷径。俯视全局回推安排——确定工作任务,再通过俯视全局往回推算,规划出达到目标最恰当的行程。

(3)要事第一,学会时间管理。把事情分类为:想做而且必须做的事;必做但是不想做的事;想做但是不必做的事;不想做又不必做的事。学会取舍,学会何时说"是",何时说"不";学会拒绝,清除杂念,排除干扰。无意义和使你不快乐的事情就少做,有助于你成功与幸福的事情就多做。

拖延是生命的"杀手",这种错误的心态会时刻吞噬着你的心灵,让你一步步走向失败。如果发现在自己的身上有做事拖拉的坏习惯,不必灰心失望,想办法改掉即可。

第十一章
做好婚姻设计，牢固人生的大后方

选择婚恋对象时，不要只看脸不看人

这几年，随着一些娱乐节目的各种操作和推介，流量小生、小鲜肉活跃在各个综艺节目和舞台上，以"白幼瘦"为审美标准的狭隘的审美观成为流行趋势，"唯颜值论"大肆泛滥。随着"唯颜值"论调的泛滥成灾，很多年轻人在谈恋爱找对象时也深受其影响，把对方的外貌放在第一位。

一次乘坐公交车，听一个姑娘说，她找男友一定要找一个颜值高的，这样就算是以后吵架，看着他的颜值也能原谅他。如果以后两个人感情淡了，就算是为了天天看那么好的颜值，日子也能过得下去。找了颜值高的，以后结婚要宝宝，宝宝的颜值也不会低，一举多得。

一瞬间，我觉得她说得好像也有些道理。

其实，无论是人品、性格、颜值，甚至是各方面的条件，都很重要。其中最重要的，是你自己看重什么。如果你很看重性格，恋人性格好坏就会成为你重点考虑的东西。一旦对方在这方面不够好，达不到你的要求，就会成为你心理很大的问题，会让你十分介意。颜值和其他条件也是如此。

一见钟情可以始于颜值，但是恋爱结婚不只看脸。人对生活也好，对感情也好，都有着各种各样的要求，都有着各种各样的标准。不管是生活还是感情，弄明白自己心里真正在意的东西，自己的要求和标准到底是什么，符合自己的实际情况，才能更好地面对。

常言道，爱美之心人皆有之。世上应该没有不爱美的人，但是，就人来说，"美"的内涵绝不仅仅指一个人的长相美，也包括美的打扮、美的心灵、美的言行、美的修为。谈恋爱找对象只看长相，不仅显得太幼稚，太缺乏生活常识，还会给以后的婚姻生活埋下隐患。

谈恋爱，找结婚对象，不是挑选一朵好看的花，放在家里天天看着养眼；不是挑选一件好看的衣裳，穿在身上让别人羡慕。即使挑选一件好看的衣裳，也还要看它的质量，看它是否适合自己。

谈恋爱的目的是找一个情投意合、志趣相投的伴侣共同度过平凡琐细的日子，在风雨中互相依靠、互相取暖、互相鼓励、互相支持走过一生，绝不能只看对方的长相。因为人品和性格的重要性，远远大于颜值。

颜值无法决定婚姻的质量和长久，只有人品是否端正、性格是否相合或互补，才是决定婚姻质量好坏和时间长短的重要因素。而过分注重颜值的人，也更容易在爱情里受伤。

1.竞争对手多

不得不承认,颜值高的人受欢迎程度远高于颜值一般的人,无论择业,还是择偶,都是如此。如果你爱上的人颜值偏高,就得接受这样一个不争的事实:现在、未来都会有很多竞争对手。如果你没把握掌控一份感情,尤其是在对方颜值较高的情况下,就要三思而后行:你能承受得起最后的情殇吗?你能接受一个又一个的挑战吗?你能确认对方把你当作唯一的选择吗?你能确定自己有能力、有魅力深深吸引住对方吗?

2.重外在轻内容

选择恋人,注重颜值较多的人,通常都注重外在多于内容。择偶的如此倾向,在日常生活、学习和工作中也会有不经意间的表现。比如,买日常用品,一定会选择美观、漂亮或者时尚类型的;选购蔬果时,会选择较艳丽、无残缺的;选择职业时,会选择风光体面的,哪怕薪水待遇非常一般。重视表面上的风光,忽视了内在的品质,是一种浅显。这样的倾向,在很大程度上缘于生活的历练不够多,世事不够练达,经历过的挫折较少,只看得见美好,看不见暗藏的危机,是一种不够成熟甚至不太理智的潜意识。

3.喜欢一个人始于颜值,终于人品

一个人是否属于你的命中注定,能否陪你走完一生,不在于对方有多美,有多优秀,而在于对你有几分情深意重。他人再好,唯独对你冷漠无情,还不是一样毫无用处?他人再不优秀,唯独对你关心备至,呵护有加,体贴入微,视你如命,捧你在手心里,也值得你托付一生。

相比外貌，三观一致才是更重要的择偶标准

三观合，在任何感情里都是一件很美好的事。因为只有三观一致，双方才能相处得好，感情才能更深入。一般来说，在相似的家境、教育背景里成长起来的，有相同的人生经历的人，三观也会比较相似。

人的三观大多会在成年后就成型，以后很难会有大的改动。所以，在选择恋人时一定要慎重，最好选择和自己三观比较一致的人。如果恋人和自己的三观不一致的话，在感情里会产生很多问题。

娜娜是一位漂亮的女教师，男朋友是一家外企的部门经理。娜娜喜欢看韩剧，而男朋友则喜欢游走世界，他们从来没有随叫随到，但是生活却有着出奇的相似。例如，两个人都爱吃蛋糕，他们会为了一块美丽的蛋糕而携手跑遍整座美丽的城市，最后双双在寒冷的冬季里蹲在电影院的门口双手捂着冒热气的咖啡一起聊天。他们又都喜欢钢琴，都是钢琴的业余爱好者。可以在节假日一起去听音乐会，在音乐厅会场的长椅上边吃爆米花边欣赏音乐……

娜娜难过时，男朋友总能过来安慰她，总是能说到娜娜心里去。男朋友也总是带娜娜去散心，说教育工作太累了，应该放松。后来，娜娜

和男朋友结了婚，日子过得夫唱妇随，特别幸福。

每个成年人都有自己的三观，三观不合，精神折磨；三观一致，齐心协力。谁都想和一个喜欢自己、爱自己和自己情投意合的人过日子。

人生漫漫，能遇到相互欣赏的人不容易，遇到真心的更不容易。爱情不是靠说服教育得来的，是天生的人与人心灵上的一种心照不宣。他能在你最需要的时候第一个站在你面前，能在你失落的时候第一个出来安慰你，更能在你成功时第一个送给你掌声和鲜花。三观不合必定要一方付出代价和牺牲，一味地忍让只会将矛盾扩大。

三观，也就是一个人对事物的认知方面，看待事物的观点和对待事物的态度。在爱情里三观一致，并不是要求双方的兴趣爱好、思维方式必须相同，而是彼此之间可以求同存异，互相欣赏，彼此包容。两人在相处的时候，没有共同语言，互相都不能理解，这段感情也就没有灵魂。

三观一致的爱情，双方在很多方面都会足够契合，不仅能相处融洽，在精神的层面也能够靠近，任何事情双方都可以在精神层面达成共鸣。而三观一致的爱情应该满足以下三点：

（1）一直有说不完的话题，不需要刻意地组织语言，就会有说不完的话，和他（她）聊的时候，会有一种被认可、被赞同的感觉，相互之间都会想把生活中的事情分享给对方，对方也能迎合你，懂你想要表达什么，懂你需要什么。

（2）两个人在一起的时候，不会感到累，不必刻意地去掩饰什么，在对方面前能做最真实的自己，想说什么就说什么，想做什么就做什么，

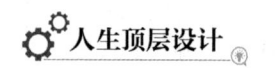

不用担心对方会嫌弃你、指责你，高兴了就大笑，伤心委屈了就大哭，不需要遮遮掩掩，不用藏着掖着，不需要在对方面前假装坚强。对方知道你的脾气，了解你的性格，会对你包容、关心和安慰。彼此相互信任，关心包容，依赖欣赏，共同勉励，共同进步。

（3）不会和对方较真，懂得适时退让。两个人在一起久了无非就是柴米油盐，生活琐碎，而这些琐碎最容易击垮两个人的感情。如果一件事情，双方意见不统一，争来争去，即使最后你赢了，也会输掉你们的感情。所以，适当地为对方让步，彼此之间双向奔赴，在一起才会感觉舒服心安。

古时常说要门当户对，并不是没有道理

婚姻从来都不是童话，不仅两个本来就不相同的人，很难一直继续走下去，哪怕是刚开始各方面都很匹配的人，一旦有一天一个人跑得快了，一个人落后了，依旧会出现问题。能够始终同行的两个人，不仅需要彼此本来就是一路人，更需要在以后的岁月里，彼此也始终不偏不倚，一直都保持步调一致。

萧米出身于知识分子家庭，父母都是大学教授，她则毕业于985大学。而男友不仅没有上过大学，现在连一份工作都没有，人虽然长得不

错，但家境一般，也不上进。

当初萧米和他在一起的时候，父母就反对过，理由是两个人各个方面条件差别很大，现在喜欢，婚后日子一定会很难过的。可萧米不听，觉得两个人之间有爱情就够了，坚持跟男友领证结了婚。

结果，婚后因为两人之间资源的不匹配，导致了各种矛盾。萧米工作稳定，赚了钱便想出国旅游，老公却骂她胡乱花钱；她用自己的钱买衣服买包包，老公又说她爱慕虚荣；她和朋友一起聚餐、出去旅游，老公又说她不顾家。

生活中一点鸡毛蒜皮的小事，他们就能吵上一整天，没过多久两人就离婚了。

婚姻中"门当户对"真的很重要，它并不是要求两个人必须在物质层面相对等，而是需要两个人有着相似的知识水平、相似的消费观、相似的世界观，家庭与家庭沟通起来在同一个频道上。差距太大的两个人，即使一个人再努力，也是很难追上另一个人的；而一旦两个人差距越来越大，即使彼此再想勉强，也只会无能为力。

偶像剧中的场景：豪阀千金爱上穷小子；商业帝国的贵公子爱上发传单的呆萌妹子。这些在现实生活中，几乎是不可能发生的，即使可以短暂地发生，也会很快像泡沫一样破裂，想要走入婚姻殿堂更是难上加难。

感情中，别总想着攀附谁，也别总想着拯救谁。和门当户对的人结婚，你们会更容易显得地位平等，更容易彼此尊重，谁也不必觉得委屈，谁也不必觉得高人一等。而且，你们有着相似的过往，相似的生活方式，会让你们相处起来更加顺利，彼此之间更容易理解。

真正的婚姻，从来不是想着抓住一个人，以此来获得翻身；也不是怀着圣母心，一定要救谁于水火，只是找到一个跟自己同频的人，一起去抒写你们的未来。好的感情，需要彼此相爱，更需要你们是一路人。

每个人对于感情的想法、经营方式等都不同，要依据自己的状况斟酌对待。

角度一：思考方式和逻辑的契合，影响沟通的顺畅程度

每个人都是独立的个体，不可能想法、看事情的角度都一模一样，但是频率是否对得上，在一段感情中是相当重要的。就算两个人的思考方式和逻辑不同，还会出现契合度的高低。例如，你花很多时间和心力想要跟某个人说明一件事，但最终只是白费力气，那种无力感真的让人很受挫折。所以，思考方式和逻辑的契合，会很大程度影响两个人沟通的顺畅程度。

角度二：上进心和对未来方向的一致性，影响人生阶段的协调

虽然说每个人对成功的定义、对未来的规划都不尽相同，但如果两个人交往要长久，方向的一致性还是很重要的。例如，在你未来的规划中，可能期待争取国外的工作机会，但另一半并不希望你出国，或者没有规划要出国或不支持你，未来你们是否要继续一起走下去，就要再认真想想了。

角度三：兴趣及对人生热情的程度，影响共同面对困难和低潮的可能

每个人的兴趣和人生中的火花都不完全相同。当一个人对人生没什么热情时，就比较没有坚持努力或踏出舒适圈的动力，面对困难和低潮

的时候，就容易放弃或出现比较多的负面情绪。所以，当你跟另一半对人生热忱的程度，或是否在生活中有怦然心动的瞬间，有很大的差异时，就可能影响到你们共同面对困难和低潮的可能性。

角度四：家庭氛围和对待生活的方式，影响对待彼此的态度和方式

原生家庭对一个人的影响很大，家庭的氛围及受到的耳濡目染，都会影响到你对待他人的方式和态度。有人说，另一半对待家人、在家里的模样，很可能是他未来对你，以及跟你相处的模样。因为如果两个人走得比较长远，终究会成为家人，不一定是因为结婚而成为家人，可能只是相处久了升华成家人的感觉。

角度五：财富上的累积与规划，影响价值观和长远目标

不是说一定要赚很多钱、有车有房，才是成功或值得走下去；因为每个人所处的人生阶段，以及开始发光的时间点都不同，所以钱的多少并不是绝对的判断基准。与这个绝对值比起来，对于累积的规划和想法更重要；同时，个人对于金钱的想法和重视程度，也会影响两个人共同走下去的难易。

和谐处：与伴侣和睦相处

离婚的理由各种各样。有数据显示，有高达 34.21% 的人离婚是因为生活中琐碎的事。柴米油盐取代了恋爱时的怦然心动，回归生活中的男

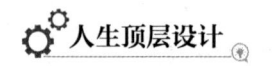

女因为彼此的不同，很容易会因为一些微不足道的事而导致婚姻的破裂。

钱锺书先生就特别懂对方的需求，一直用对方需要的方式去践行对杨绛先生的爱。他们留学在外时，钱锺书顾及妻子思乡情重，洗手做羹汤，只为哄妻子开心。平日里拙手笨脚的他煮了鸡蛋，烤了面包，热了牛奶，还做了香醇的红茶，只为妻子睡醒就能享受家乡美食，以解相思之情。吃着丈夫亲自做的饭，杨绛露出了幸福的笑容。也许这就是他们一直相濡以沫的最好方式，这样的爱，也越深情。

以前我总认为，所谓的爱，就是把最好的东西都给对方，后来我才明白，你认为好的，不一定对方也觉得好。

心理学上说，懂你的人，会用你需要的方式去爱你，不懂你的人，会用他需要的方式去爱你。所有的感情，都是先有了爱，然后再尝试着去读懂对方，从记住对方的喜好开始，从了解对方的想法开始，然后这些懂得，会让你们的爱变得更加坚定、温暖。

一段舒服的感情，是看你在一个人面前，能否自在地做你自己，而你永远不必担心自己的模样会吓坏对方，因为真正的爱，经得起时间的考验，因为他懂你，便愿意热爱你的任何一面。

我们唯有了解对方爱的语言，才能给到对方最合适的爱。要维持和谐的婚姻关系，就要懂得如何经营爱情，持续地相爱相守。夫妻学会男女融洽的相处之道，才能走出婚姻关系的迷雾。

1. 尊重彼此的不同

男女相处的首要秘诀，就是尊重彼此的差异。爱是尊重，更是包容，允许对方跟自己不一样。多了解男女在处理事情、面对压力时采取的方式，会更加尊重彼此的差异，做出不同的回应，生活中的很多矛盾都会迎刃而解。

好的夫妻关系，应该是相互尊重的。你可以坚持你以为的好，但不必强迫对方打乱内心秩序来认同你。夫妻之间最难得的，就是看到彼此的这份差异。真正聪明的人，会尊重他人的不同，不会觉得自己一定对，对方一定错。世界并不是非黑即白，每个人都有自己的生活标准。求同存异，才能把握好分寸，既不为难自己，也不为难他人。爱情中也没有完全合适的两个人，我们不能强求所有人跟自己都是一样的。

2.用不同的方式处理情绪变化

每个人都存在一个情绪周期。女人就像波浪线一样，情绪高低起伏变化着，有时情绪高涨，有时突然低落，情绪只有触底才能反弹。而男人就像橡皮筋一样，每当橡皮筋绷紧了，他们就躲进洞穴里，独自思考，需要在属于自己的空间进行休息疗愈。

下班了，一身轻松地回到家里，本来想彻底地放松一下，可是一不小心说出的一句话，却惹得对方不高兴，甚至两人为此大动干戈。都说男人来自火星女人来自金星，男人总是不理解女人在瞬间的情绪的风云突变，觉得不可理喻。殊不知女人的思维总是跳跃性的，昨天好好的，今天就能找出它的一百个不好的理由。女人总是会把一件事情按自己的思路往上套，特别是感情上面，女人简直是个"推理家"，有时候甚至非要把自己的推理证明成现实。

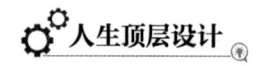

同样遭遇情绪困扰，当女人跌进"幽暗深井"时，男人要明白，与其帮助伴侣解决问题，不如提供情绪价值，陪伴她度过这段难熬的时光，倾听她的诉说，同情她的遭遇。女人是情绪化的动物，心情好的时候问题都不是问题，心情差的时候没问题也能搞出问题。等她讲完之后，心情一好，问题自然就解决了。

男人喜欢把事情变得简单，特别对感情上的事，更不愿意花过多的时间和精力去纠葛。女性一般更善于表达和交流自己的感受，而男性却认为表达情绪是弱者的行为，所以女性比男性的情感更丰富，也更有同理心。

丈夫的冷漠会让妻子的情绪彻底失控，最后夫妻陷入不断争执的恶性循环中，直到婚姻彻底破灭。我们应该抱有耐心和理解与对方相处。若想让爱一直流动，则要精心地加以维护，才能建立起既相互沟通又相互独立的两性关系。

3.用对方需要的方式去爱

将你放在心上的人，事事都会为你考虑在先，绝对不会做不利于你的事情，也不愿意让别人伤害到你。最贴心的爱人，不会给你一切他所认为最好的，而是认真去了解你想要的究竟是什么，再默默地将其送到你的面前。

在爱情成本越来越低的时代潮流下，真挚的感情越来越珍贵。用心去理解对方，耐心去付出则成了一股清泉。真正的爱应该是让对方感到舒适，不让对方勉强，也不让对方委屈，更不是互相迁就。也只有这样，才能自然而然地走进对方的心中，让爱在彼此之间像空气那样流动起来。

若想经营和谐的婚姻关系，就要站在伴侣的角度去考虑，给对方想要的、真正需要的，而不是我们自以为合适的。成功地满足了对方的情感需要，对方必然也会做出积极的回应。婚姻中，只坐享其成，享受对方的付出，而不用心去经营，得到的只能是索然无味的婚姻。用心去滋养这份难能可贵的感情，回馈的才是让人回味无穷的甘露。

身在福中要知福

幸福感来源于人自身的满足感，对自身的处境感到满意，幸福感也就自然而然地产生了。身在福中不知福，也就永远感受不到幸福。

人的欲望是无限的，得到自己想要的东西还想要更好的。在婚姻和爱情中，往往会把自己的伴侣的各种条件和别人比较，殊不知就是日复一日的比较让许多人郁郁寡欢，觉得自己的处境很不好。其实，懂得知足也就获得了幸福感，因为只有如此，才能维系好婚姻，婚后生活才会幸福美满。

李军曾经有过一段只有两年的短暂婚姻。他和前妻是通过相亲认识的。当时两人男大当婚女大当嫁，双方父母又催着结婚，两人就匆匆忙忙结了婚。

李军在市区有一套房子，成了两人的婚房。邻居是一家暴发户，花

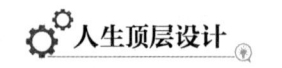

钱大手大脚，邻居的女人整天穿金戴银的，李军的前妻看到之后十分羡慕嫉妒，回家就奚落他没出息挣不来钱，害得自己只能跟着受苦。李军性格温柔，不和前妻一般见识，继续兢兢业业地工作。

有一次李军的大学同学生活上有一些困难，想和他借点钱，他就把同学带回了家。同学很会说话，在饭桌上总爱讲些风趣幽默的笑话逗得人发笑。李军的前妻背地里又数落他，说他为人木讷，没有一点幽默感，日子过得无聊至极。后来，李军实在忍受不住前妻的嘲讽和比较，提出了离婚。

俗话说，"情人眼里出西施"。说的就是，在爱人之间，总会看到对方的闪光点并放大这种闪光点。把伴侣的各个条件和其他人攀比，只会打击伴侣的自尊心。

婚姻中的知足是指，珍惜自己眼前拥有的一切，不因为盲目地和其他人的攀比而感到垂头丧气。

没有人的生活会过得一帆风顺，家家有本难念的经，在你羡慕别人的同时，别人说不定还在羡慕你。每一段能修成正果的感情，从开始的相识、相知、相恋，到走向婚姻的殿堂，中间也要经历九九八十一难，都很不容易。在婚姻生活中，如果拿自己期待的理想型，去要求你的爱人，就无法开心起来，生活反而会给你一巴掌，告诉你什么是现实。这个时候，不妨多想想已经拥有的，满足已有的幸福。

1.接受平淡，放低期待

婚姻生活中的期待感，是指对幸福婚后生活的向往和憧憬。从这个角度来看，这主要是存在于我们大脑内的美好期望，一旦未达到你的期待，就会感到失望。比如，在结婚纪念日和一些对于你们来说比较重要的节日里，就不要指望平时没有浪漫情结的丈夫给你准备999朵玫瑰花，但如果这天他买了一枝玫瑰送你，虽然和预期有所差别，但是换个角度想想，其实你也是幸福的。前者是按照自己标准期待的好丈夫形象，后者是丈夫实际在为你们婚姻生活做出的点滴努力。换言之，肯定丈夫的进步而不是失望丈夫没有达到你的期待，就能获得幸福感。

2.懂得理解，不要攀比

很多夫妻相处的时候，总会抱怨另一半："你去看看人家老公，对他老婆多体贴，再来看看你，真的是啥也不会，就知道气我。""你去看看人家老公，做家务带孩子，啥都会，你整天啥事也做不好。"

听到对方这样指责自己，另一方多半会感到很委屈、难受，久而久之，会慢慢觉得自己做啥都不好，干脆啥也不干，都交给会做的你就好了。这样下来，你会更加身心疲惫。其实，当你选择他作为你的伴侣的时候，就应该接受他的不足。每个人的婚姻只有当局的两个人清楚中间的酸楚，也许人家的富足生活让你羡慕，但他们为生活琐碎的争吵你看不到。或许，他们向往的却是你的平淡生活，但任何人的婚姻都是不可复制的。

3.放下控制，允许不同

婚姻中关系和睦的夫妻，大多能在婚姻生活中学会知足。人的欲望没有底线，要求得越多，抱怨得越多，幸福感就会越低。

没人愿意整天都听你喋喋不休地抱怨，抱怨是一种潜在的负能量，一不小心就会慢慢把感情磨没。比如，在你们相处的过程中，你忽略了平时他对你的好，还数落他一无是处，就是感情中的大忌。不要用自己的想法去看待你们的婚姻生活，去要求婚姻应当是什么样，要放下控制，允许不同。

第十二章
重视健康设计,才能持续不断地朝前赶

健康作息,不要打乱生物钟

在一个相对稳定的生活环境中,人们会不自觉形成属于自己的作息习惯,这种作息习惯就是所谓的生物钟。人们有不自觉形成生物钟的习惯,也有不自觉想要打破生物钟的习惯。如果一个人在较长时期内,有稳定的居所,稳定的工作、学习环境,有稳定的社交关系,他的生物钟也是相对稳定的;长期处于一种节奏中,就会不自觉想要打破这种节奏。

生物钟归根结底是一种有节律的生活习惯,哪怕是缺乏自律的人都会不自觉形成生物钟。人们普遍认为自律是很难做到的,事实上真正的自律减少了生活决策次数,降低了生活压力。而人们之所以会形成生物钟,也是因为潜意识中渴望减少生活决策次数,以及降低生活压力。当你在一个固定的时间休息、起床时,就不会担心睡不着、起不来的问题,

也无须考虑几点睡觉、起床，因为生物钟早就为你安排好了。

1. 生物钟被打破有什么后果？

（1）认知出现混乱。生物钟被打破后，基于认知层面的感觉、判断、决策等都会受到重大影响。生物钟被打破，对外界的感觉出现偏差，要么过分敏感，要么过分迟钝，使得个体无法客观感知周围的环境。无法客观感觉周围环境变化，就会产生错误的判断，对外界过分迟钝，就会判断失灵，原本可以规避的问题被忽视；对外界过分敏感，就会判断过激，原本不是什么大问题，也会小题大做。感觉、判断出现偏差，进而降低决策水平。生物钟被打破后，对于事物的感觉、判断都会出现偏差，而你在偏差基础之上做出的决策，基本上也难以帮你解决问题。所以，不要在状态不好的时候轻易做决定，因为你很有可能做出一个错误的决定。

（2）思维出现混乱。生物钟被打破后，基于思维层面的理性、逻辑、推理等都会受到重大影响，会变得特别感性化。就好像有些小孩会有起床气，由于没有按照自己的生物钟作息，变得特别感性化，甚至失去理性思维能力。当个体失去理性思维之后，逻辑、推理能力都会出现偏差，做任何事情都不会太顺利。

（3）短时间内很难恢复。生物钟被打破后，整个系统会处于一种紊乱的状态，短时间内很难恢复。不进行干预，个体形成新的生物钟或恢复到原来的生物钟，至少需要一周的时间。对于大部分人来说，偶尔打破生物钟，并不会想着尽快恢复，而是硬撑着度过这一时期。以这种状态硬撑着度过一周时间，会多么痛苦，更不要说会出现什么纰漏。

2. 怎么调整生物钟健康睡觉

人的健康几乎都由生物钟掌控，好身体应从"顺时而为"开始。遵循生物节律就是最科学的健康准则。

（1）固定睡眠时间。人体可以有个生理习惯，每天固定时间睡觉，到了这个点你可能就会发困、睡觉，身体会慢慢适应这样的作息时间。因此，根据自己的实际情况来确定自己的睡眠、工作、起床等时间，才能更好地制订生活计划，提高睡眠质量。

（2）睡眠环境要安静。尽量营造一个比较容易入睡的睡眠的环境，首先要安静，其次不要出现会导致自己失眠的东西，比如手机最好不要出现在卧室。把容易造成自己兴奋的东西排除到卧室之外，就能营造一个很好的睡眠环境。

（3）睡前泡脚。相对比较有效的方式，可以试一下泡脚。在泡脚水当中适当地放一些中药包，可以起到促进血液循环的作用，还能舒缓神经，很容易帮助大家入睡。

（4）舒缓神经。入睡比较困难的人，主要还是心理问题，心情不能放松，就会导致不易入睡。医学上有很多方式来舒缓神经，比较好的就是放松暗示法，就是使自己身体的肌肉都处于放松状态，什么都不想。如果这种方式不太适合，可以试一下运动放松。

（5）早睡早起。睡得多，也会影响正常的睡眠质量，不要补觉，也不要熬夜，补觉可能会导致晚上睡不着。另外，睡觉之前最好不要喝太多水，否则会给膀胱造成一定的压力，晚上可能会起夜，也会影响睡眠质量。

平衡饮食，不要暴饮暴食

逢年过节，很多朋友都会肆无忌惮地大吃大喝，还会吃些大鱼大肉，喝大量酒精饮品等。这些都是暴饮暴食的现象，不仅会危害到身体，还会诱发急性胰腺炎等，严重的话还会有致命的危险。

中国营养学会编著的《中国居民膳食指南》，提炼出了平衡膳食八准则，突出了规律进餐的重要性，"手把手"给出了如何合理进餐和挑选、烹饪食物的科学建议。成年人每天食物摄入量建议：盐 < 5 克、油 25~30 克、奶及奶制品 300~500 克、大豆及坚果类 25~35 克、动物性食物 120~200 克（每周至少 2 次水产品、每天 1 个鸡蛋）、蔬菜类 300~500 克、水果类 200~350 克、谷类 200~300 克（其中全谷物和杂豆 50~150 克）、薯类 50~100 克、水 1500~1700 毫升。

平衡膳食准则如下：

1.食物多样，合理搭配

坚持以谷类为主的平衡膳食模式。每天的膳食应包括谷薯类、蔬菜水果、畜禽鱼蛋奶和豆类食物。平均每天摄入 12 种以上食物，每周 25 种以上，合理搭配。每天摄入谷类食物 200~300 克，其中包括全谷物和杂豆类 50~150 克；薯类 50~100 克。

2.吃动平衡，健康体重

各年龄段人群都应天天进行身体活动，保持健康体重。食不过量，保持能量平衡。坚持日常身体活动，每周至少进行5天中等强度身体活动，累计150分钟以上；主动身体活动最好每天6000步。鼓励适当进行高强度有氧运动，加强抗阻运动，每周2~3天。减少久坐时间，每小时起来动一动。

3.多吃蔬果、奶类、全谷和大豆

蔬菜水果、全谷物和奶制品是平衡膳食的重要组成部分。餐餐有蔬菜，保证每天摄入不少于300克的新鲜蔬菜，深色蔬菜应占二分之一。天天吃水果，保证每天摄入200~350克的新鲜水果，果汁不能代替鲜果。吃各种各样的奶制品，摄入量相当于每天300毫升以上液态奶。经常吃全谷物、大豆制品，适量吃坚果。

4.适量吃鱼、禽、蛋和瘦肉

鱼、禽、蛋类和瘦肉摄入要适量，平均每天120~200克。每周最好吃鱼2次或300~500克，蛋类300~350克，畜禽肉300~500克。少吃深加工肉制品。鸡蛋营养丰富，吃鸡蛋不弃蛋黄。优先选择鱼，少吃肥肉、烟熏和腌制肉制品。

5.少盐少油，控糖限酒

培养清淡饮食习惯，少吃高盐和油炸食品。成年人每天摄入食盐不超过5克，烹调油25~30克。控制糖的摄入量，每天不超过50克，最好控制在25克以下。反式脂肪酸每天摄入量不超过2克。不喝或少喝含糖饮料。儿童青少年、孕妇、乳母以及慢性病患者不应饮酒。成年人如饮酒，一天饮用的酒精量不超过 15 克。

6.规律进餐，足量饮水

合理安排一日三餐，定时定量，不漏餐，每天吃早餐。规律进餐、饮食适度，不暴饮暴食、不偏食挑食、不过度节食。足量饮水，少量多次。在温和的气候条件下，低身体活动水平成年男性每天喝水 1700 毫升，成年女性每天喝水 1500 毫升。推荐喝白水或茶水，少喝或不喝含糖饮料，不用饮料代替白水。

坚持锻炼，培养健康的运动习惯

现代人的工作节奏快、压力大，再加上经常熬夜、饮食不规律等不良习惯，导致身体越来越差，越来越多的人开始运动。研究指出，运动是可以让皮肤显得年轻，即使是在较晚的年纪开始锻炼，运动也能逆转皮肤的老化。

1.有益健康的运动

并不是每个人都能够或者适合任何一种运动方式，不同的运动方式对健康的促进作用也各不相同，下面给大家分别介绍各种运动类型，大家可以根据自己的身体状况选择适合自己的运动方式。

（1）跑步。跑步主要锻炼下肢力量，增强心肺功能，延缓大脑衰老。作为最广泛的运动类型之一，是最方便、最简单的，也是最抗衰老的运动。跑步的时候，身体中的血液会快速流动起来，同时身体会调动体内的抗氧化酶的产生，所以会达到延缓衰老的效果，经常跑步的人气血都特别好。

（2）游泳。游泳特别适合关节不好的人及肥胖者。先说关节方面，游泳能增强心肺功能，增加骨密度，还有益于养成良好的姿势，减少关节疼痛。再说肥胖方面，游泳对于减肥来说也非常有效。游泳的时候身体和四肢都要用上，产生的热量很大，人体在水中消耗的热量是陆地上的2倍。体力弱的人，最好选择蛙泳、仰泳等体力消耗不太大的泳姿。

（3）乒乓球/羽毛球。有条件的朋友，要多参加乒乓球与羽毛球等持拍运动，它们对速度、耐力、爆发力、反应力、控制力等的要求都很高，经常进行持拍运动能让身体全面受益。经常打乒乓球或羽毛球不仅能锻炼肩周、手部、下肢等部位，还能调动大脑功能，实现眼到、手到、心到。

（4）单车。单车是需要大量氧气的运动，非常锻炼心肺功能。经常进行单车运动，可以让自己心情更加舒畅开朗、有效减肥，还能够防止高血压、克服心血管疾病，强化血管。当然，骑单车有多种方式，在健身房骑动感单车是一种，户外骑行也是一种，可以根据自己的情况来选择。

（5）瑜伽。瑜伽是目前女性进行最多的运动，可以帮助身心协调，让身体变得更匀称，每天保持一定的运动量，就可以帮助自己的四肢变得更加匀称。而且，瑜伽运动可以很好地缓解焦虑，感觉压力太大、焦虑紧张时，就可以做做瑜伽，让大脑放空。

（6）体操（健身操）。健身操是集体操、音乐、舞蹈于一体的追求人体健康与美的运动项目，也是最常用的健美运动，能够很好地加强身体平衡性与协调性，让身体的线条变得更加健美。

（7）弹跳。弹跳运动，包括跳远、跳高、跳绳、蛙跳、打篮球等，是一种非常好的有氧运动，可以很好地促进身体血液循环，提升身体素质，还能够为大脑提供氧气，有助于提神健脑。

2. 养成良好的运动习惯

（1）运动前热身。热身是对身体的一种唤醒，是给身体一个适应的过程，避免突然的运动造成抽筋、拉伤等问题。

（2）运动后拉伸。运动后进行拉伸，能够帮助我们更好地加强运动的效果，减轻运动带来的伤害，还能让肌肉线条更加优美。

（3）早上运动。虽说运动不分时间，但在早上运动的效果最好，同样是花 60 分钟运动，最好、最有效率的时间是早上。睡醒后马上运动，会让新陈代谢提早上升，并在一天中保持较高水平，消耗更多的热量。

（4）及时补充。运动的时候，可以备上一壶水，及时补充水分。运动后，也要注意补充相关营养，特别是像跑步、弹跳等对关节有一定损伤的运动，要注意补充像氨糖软骨素之类的骨关节营养。

（5）长期坚持。很多刚开始运动的朋友可能很难坚持，容易出现三天打鱼两天晒网的情况，不论做什么事，都需要长期坚持，经过时间的积累，才能得到自己想要的结果。

小病早治，才能防患于未然

《史记》中有这么一个小故事：

扁鹊经过齐国时，齐桓侯得知他是位医术高明的神医便亲自接待了他。扁鹊见到齐桓侯，说："桓侯，您现在皮肤和肌肉之间有点小病症，不医治的话病情会加重的。"齐桓侯说："我没有病啊。"扁鹊走出来后，齐桓侯却对旁边人说："医生真是贪功利，想用没有病的人来显摆自己的医术。"

五天后，扁鹊又去见齐桓侯说："您的血管和经脉里已经出现病症了，如果不及时治疗病情就会加重了。"齐桓侯说："我没有病。"扁鹊走出来时，齐桓侯已经很不高兴听到他的说辞了。

五天后扁鹊又去见齐桓侯说："您的肠胃之间已经出现病症了，不医治的话病情会加重的。"齐桓侯懒得搭理他，扁鹊只好无奈地离开。

过五天后，扁鹊又去见齐桓侯，望见齐桓侯后，话也没说就离开了。齐桓侯不明白这是为什么，就派人去问扁鹊，扁鹊说出了原因："当人有病时，病症在皮肤和肌肉之间时，用汤药和熨药的功效就能治好了。如果病症在血管和经脉之间，用针灸和砭石法的功效就能治好了。如果病症在肠胃的话，酒药的功效就能治好了。如果病症在骨髓，纵然是主管人间生死的神仙下凡也没有办法救治了。我也没办法治他的病了。"五天后，齐桓侯发病，派人去叫扁鹊时，扁鹊已经离开，不久齐桓侯也死了。

作为名医，扁鹊非常重视防患于未然，治小病胜于治大病。然而，患者齐桓侯因为对病的无知，误认为痛才是病，没有痛就等于平安无事，错误地认为扁鹊是为了讨封赏，而错过了最佳治疗时机。殊不知，病患的病理不一，从古到今由小患积累成大患的病人都是如此的。

针对以下"六种小病"，我们也要早发现早治疗。

1.肝炎

原发性肝癌是人类常见的恶性肿瘤之一。有数据显示，全世界每年新增50万~100万病例。其中，半数以上的病例在中国，乙肝病毒（HBV）感染与肝细胞癌发生之间存在着明确的关系。

慢性肝炎的早期抗病毒治疗及预防肝硬化很重要，可以降低肝硬化及肝癌的发生率。乙肝的预防措施主要是预防母婴传播、血液传播及接种乙肝疫苗。丙型肝炎现阶段没有疫苗，故需防止母婴传播、预防注射、输血、手术污染及性传播等途径。

2.慢性溃疡疾病

慢性溃疡长期存在可能发生癌变，对于普通老百姓来说，通过识别下列特点，有助于进行简单的判断：

发作频率和持续时间：良性口腔溃疡一般1~2周即可愈合。若历时较长，超过两个月仍未痊愈，或发作频繁，一个月超过两次，都需要尽快去医院就诊查明病因。

形态和数量：形态较规则，圆、椭圆或呈线条形，边缘整齐、清楚，与周围组织分界清晰，凹陷的基底部较平滑，摸上去柔软，且疼痛明显，多为良性。恶性的形态多不规则，边界不清，边缘隆起呈凹凸不平状，溃疡底部不平，呈颗粒状，摸起来感觉有些硬，不同于其他部位，而且溃疡不疼或不太疼。

用药后反应：良性口腔溃疡正确使用药物效果明显，能加速愈合，恶性的则不明显。此外，有些人没有找到准确病因就擅自用药，结果溃疡不但没有好转，还越来越重。

3.糖尿病

研究指出，糖尿病患者癌症患病率高于非糖尿病患者。所患的癌症包括子宫内膜癌、乳腺癌、前列腺癌、结直肠癌、胰腺癌等。这与糖尿病患者中肥胖症发病率高有关，也与高血糖有关。

国内专家发现，肝癌合并糖尿病者约占15%，且手术后肝癌更易复发。显然，糖尿病是肝癌发病的一个重要危险因素已成定论。一种解释是，糖尿病患者因存在自身胰岛素抵抗，进而导致脂质代谢障碍，使其体内的葡萄糖和脂肪酸不能被很好地利用，脂蛋白合成障碍，致使脂肪酸在肝内存积，形成非酒精性脂肪肝，为癌症偷袭创造了条件。另一种观点认为，由于糖尿病患者体内胰岛素含量较高，脂肪酸的线粒体氧化过程受到抑制，肝脏经过慢性炎症的反复刺激而发生癌变。观察资料还显示，如果糖尿病人合并有肝炎，癌变的概率还将"更上一层楼"。

4.胃肠道息肉

许多胃肠道癌是由息肉恶变而成的，尤其是结肠腺瘤性息肉，癌变率更高。调查显示，结肠息肉患者结肠癌发生率比一般人群高 3~5 倍，多发者可高出 10 倍。胃肠道息肉癌变受多种因素影响，如大小、病理类型、数目等，一经确诊，应积极应对，妥善处理。

胃癌早期症状不明显、不典型，早期可以类似于消化不良的表现，比如嗳气、食欲减退等，另外胃癌往往合并有胃炎、十二指肠炎等，进行相应治疗以后症状有改善，患者就不会进一步检查和治疗。等到晚期有了明显的胃癌表现，比如腹部包块、淋巴瘤转移、腹水等，这个时候发现的往往都是晚期。

5. 人乳头瘤病毒（HPV）

宫颈癌的发生大都与人乳头瘤病毒（HPV）感染有关，而这种病毒的传播往往通过性行为。因此，尽量减少婚前性行为和婚外恋中不安全的性方式。使用安全套是保护女性免遭病毒感染的重要措施。

宫颈癌的发生重要因素就是 HPV 的感染，但并非所有感染 HPV 的人都会得宫颈癌，大部分感染者都可以自行清退病毒的感染，只有很少一部分，为反复感染或没有消除病毒或易感而发病。即使 HPV 感染也是通过作用于细胞引起病变的，所以定期体检至关重要。

6. 甲状腺结节

甲状腺结节的发生与年龄、性别和颈部放射线照射史有关。统计显示，女性甲状腺结节的发病率是男性的 4 倍。多发性甲状腺结节多为良性，单个甲状腺结节，要注意排除恶性肿瘤。如果发现甲状腺有肿块，要及时去医院检查确诊。甲状腺结节不一定是恶性，一般情况下只有 10% 以下的结节可能是恶性的，但一定要引起注意，多数是不需要做手术的，仅少部分需要做手术，比如，怀疑有恶性倾向、结节引起的压迫症状要处理等。

烦心事随时都有，不要太过在意

人活着难免有各种各样不顺心的事，会有很多挫折和困难需要你面对。在遇到事情的时候，每个人的处理方式都不一样，但总的来说还是要有良好的心态，有强大的面对挫折的能力，要能冷静面对遇到的挫折，然后积极地去解决问题。

当遇到不顺心的事情时，能做到以下这些的人，处理问题的效率会更高。

1.遇事不焦躁

人生当中，会发生很多不顺心的事，都是没按照自己预想的那样发展，所以遇到一些不顺心或难以解决的问题时，很多人都表现出一种烦躁不安的情绪。比如，工作不顺利，遇到一些难缠的客户；开车去某个地方，在路上堵了很久；孩子学习不好，影响了一天的心情等。所谓处乱不惊，遇到事情的时候，特别是一些小事，就不要太放在心上，如果不太顺利，也要学会接受一些变化，遇到任何事情都要淡定，然后从容地解决问题。遇事不焦躁，才能更加冷静地从积极的一面去思考问题，从而更有效地解决问题。

2.遇事不责备

有些事情确实可以避免,特别是一些比较大的损失或问题,在大事上指责一下当事人,可以吸取教训,避免以后出现类似的问题。但责备的方式要适当,要让当事人能够接受,真正听进去,而不是一味地指责,一直揪着别人的错误不放。要知道,有些事情发生了,是没办法改变的,就算别人做错了,你也不可能让时光倒流,把事情扭转过来,唯一的办法就是接受这样的事实,积极地去解决问题,把损失和麻烦减少到最小。

还有一种人,明明自己犯了错,却把责任推到别人身上,不断地指责别人,觉得这件事情与自己没有关系。这样的人就更没有素质了,自己犯了错,就应该勇于承认,吸取教训,不要再犯。其实,很多事情没必要过于责备,总是纠结是谁的责任,非要弄个对错来,只会让你与他人之间产生更多的冲突和矛盾,更不利于解决问题。

3.遇事不迁怒

有些人在遇到烦心事的时候,总是迁怒于与这件事情无关的人。有的人工作不顺心,压力很大,回到家里仍然板着个脸,谁都不能惹到他,一点小事都能引爆他的情绪。在外面受了气忍着不发,回来就随意地发脾气,迁怒于自己的妻子、孩子或父母,家人就是他情绪的垃圾桶,都要被迫消耗他的各种负面情绪。喜欢迁怒别人的人是无法控制自己情绪的,他们不会做到对事不对人,只要自己不高兴,谁都可以成为他们发脾气的对象,从来不会顾及别人的感受,哪怕是自己的家人。

4. 遇事不抱怨

遇到不顺心或者挫折的时候，难免心情不好，有的人就喜欢抱怨这抱怨那，甚至连天气都能影响他的心情。已经发生的事情，再怎么抱怨都没有用，与其抱怨不如积极面对，找到解决问题的方法，或者用一种良好的心态去接受它，而不是负面情绪爆满，这样不只会影响这件事本身，还会影响到其他的事情，甚至影响到他人的情绪。越是抱怨，越会让你寸步难行，遇到的困难会越多，所以要学会控制自己的情绪，勇敢一点去面对各种挑战，让自己在各种挫折中得到成长，提高自己处理各种事情的能力。

5. 遇事不多想

有些人遇到不好的事情就会想太多，担心没有处理好工作上的事情而被领导骂；担心之前不经意间说的一句话，会让同事不高兴；自己说错了话或者走错了路，会让别人误会或者嘲笑；自己遇到困难，向别人求助，会被别人看不起，等等。其实，你越是担心，越是害怕，事情越会像你所想的那样发展，因为你已经被恐惧和焦虑淹没了，处理事情的时候也会很紧张，根本不能发挥出自己正常的水平，越害怕出错，就越容易出错。想太多负面的东西，会消耗你太多的能量，就算你有能力去处理这些突发事件，也会因为负面情绪而出现更多的错误。

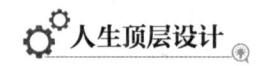

第十三章
做好资金规划，更好地实现财务自由

必须花的钱不要省

生活中，有些人非常节俭，攒钱是他们最大的爱好。可是，很多时候他们不仅不会越来越富有，反而越来越穷，原因在于，他们在该花钱的地方，舍不得花钱，结果因小失大，省了小钱，却失了大钱。

或许我们从小就被灌输教导，要勤俭节约，不该花的不要乱花，但有些钱却不能省。

1.进修上的钱不能省

人活在世上，如果活成一张白纸，不给自己的脑袋里多填充一些知识，永远都不知道这个世界有多精彩。读书能够让人明理，能够让人对事物有更强的认知能力，从更高的层面来看待问题，提高自己的能力，扩大自己的格局。读书也是最实惠的一种自我投资，再怎么省，也不能在这方面省钱。

2. 健康上的钱不能省

身体是革命的本钱，无论是家财万贯，还是一贫如洗，没有健康的体魄，什么事情都是空谈。在自己和家人的健康方面的钱，不可省。锻炼身体的钱、日常营养饮食的钱、每年定期体检的钱、就医服药的钱，该花就花，不要用自己的健康来做赌注，病来如山倒，别等到身体垮了再后悔。

3. 见世面的钱不能省

人生本来就是在有限的时间里到世界来走一遭，如何把自己的人生过得精彩，全取决于自己的选择。多出去走走，迈开自己的腿，就能看到更大的世界；多见世面，人才会变得更加豁达而开朗，而不是局限在自己的一亩三分地上，总是各种抱怨，苟活于眼前的日常琐事中。

4. 人情往来的钱不能省

人活一世，不可能身边一个朋友都没有，也不可能所有事情都靠自己解决；而且，更需要亲人朋友的情谊来丰富自己的情感。利益不可以独享，在人际交往时，总需要礼尚往来，总要你有所付出。在这方面，你不能抠门，只想着获得，而不去付出。

没必要花的钱不要花

爱财虽然无可厚非，也要有所选择，有所节制，不管在何种情况出于何种原因下，这三种钱都不要去花：

1. 不义之财，不要花

正所谓，君子爱财，取之有道。不义之财不仅仅是孽报而是因果的必然关联性，一个丧失底线只为求财的人，定会失去部分人的信任甚至忌惮，再加上曾经种下的因，未来也要承受自己投入后造成的果。

做人一定记得有所为有所不为的根本才能够让自己的路走得更长久，自己不会因此心中惶恐，也不会因为恶因在前，不定时的某日遭受相同甚至更严重的打击。种瓜得瓜，种豆得豆！财富不是强求来的，而是自己积累能力与德行的口碑点滴积攒得来的。

2. 不是自己的钱，不要随便花

不要觉得你们关系够亲密就随意去消费对方的钱，任何东西都讲究礼尚往来，首先你要懂得的是对等的付出，看看人家需要等价交换的到底是什么。吃人嘴软，拿人手短，花了人家的钱丧失的不仅仅是尊严，还有自主选择权。天下哪有掉馅饼的好事，能够掉的也只能是陷阱，所以别人的钱，千万不要随便去消费。哪怕你们如今已经是恋人，既然还未成夫妻就要懂得边界线，因为彼此间大额的财产只有分得开，未来才能够聚得拢。

3.没有节制的钱，千万不能花

生命就有一次，不该亏待自己，更不该对自己吝啬，这都没有问题，但好的标准，未必只有消费，即使消费，也要根据自己的实际消费能力而做出计划性选择。打肿脸充胖子，看看新闻中那些为买奢侈品不惜卖肾伤害自己身体的人，都是一种迷失自己的堕落可悲行为。

不管是超出能力范围的钱，还是无度、不懂节制的消费，最终会让自己的生活变得更加拮据疲惫。关键随着时间的流逝，我们不懂节制的行为，可能影响的是一家人的生活，而不单纯是自己一个人。

给自己留一部分备用金，不要动

人生处处有意外，每个人都会有急用钱的时候，为了应付一些突发情况，很多人在平时生活中都会预留一些备用金，以应付随时可能发生的意外情况。

紧急备用金是为了留着应付一些突发的意外情况，多留点备用金并没有什么坏处。

如今，很多家庭收入都挺高的，但各项开支和负债也很高。比如，一个朋友月收入至少在3万块钱，但是扣除接近2万元的房贷，再加上五六千块钱的生活费，再加上平时出去玩、购买的东西，3万块钱基本上就没剩了。所以，虽然表面上看他的家庭收入还可以，但实际上他们也没有太多的结余。类似这种家庭现实生活中其实很多，很多家庭都背负着房贷压力，还要面临养孩子、养车等支出，几乎入不敷出。

1.家庭备用金需要准备多少？

家庭备用金需要的额度一般根据家庭的消费情况来决定，消费能力高的就多准备一点，消费能力低的就少准备一点，但都是需要准备一定量的备用金，用来抵抗突发意外的风险。

对于农村家庭来说，一般一个月的消费在500元左右，每个月只是需要支付一定的水电费，买一点生活的基本用品就足够了。农村每家每户都会有一个巨大的菜园子，可以自己种菜，一般菜都是不需要花钱买的。农村家庭准备6个月的备用金一般在3000~5000元，就完全够用了。这样不论发生什么风险都足够抵御了。

对于二、三线城市的家庭，准备的备用金就需要比农村家庭准备得多一点。城市需要缴纳水电费和燃气费、物业费用等，一日三餐也是需要买菜。一个月一个家庭需要开支1500元左右，准备6个月的家庭备用金需要9000~12000元。

对于一线城市，需要准备的备用金就非常多了。一线城市一般都是高收入高消费，生活成本比较高。备用金，就要多准备一点，每个月需要准备5000元左右。一线城市的物业费用和物价都比较贵，一日三餐的消费也很高，多准备一点只有好处，没有坏处。

2.备用金储备渠道

随着现在居民生活水平的提高，大家的资金来源也变得越发广泛，备用金可以通过以下几个渠道进行储备。

（1）存款。经济发展迅速且稳健，大家的薪资水平得到了提升，有资金留下来进行存款，可以将存款划分出一部分作为备用金，这也是备用金的主要来源。

（2）信用卡。很多人申办信用卡的一个重要原因就是能够帮助自己的资金进行周转，因此，信用卡的消费额度其实也是一种储备资金。只要你的信用足够好，就可以向银行申请信用卡；而且，信用卡的额度有的还非常高。如果你手里信用卡的额度比较高，完全可以不用预备很多现金。

（3）保险防范。很多家庭购买了保险进行风险规避，出现紧急事件的时候保险的理赔额也是一笔备用资金。只不过，这种备用金是有条件限定的，不能随时取用。

3.家庭备用金的常见误区

（1）家庭备用金准备过多或过少。大量囤积备用金，导致货币贬值，有时候甚至会被小偷给盯上，家庭被盗，财物大量流失。有的家庭备用金就准备1000元，甚至只准备几百元钱。等真正发生意外的时候，准备的钱不够用。其实，家庭备用金够3~6个月使用就可以了，不需要准备太少，也不需要准备太多，适度才是最主要的。

（2）家庭备用金应该如何保存？家庭备用金是不是都需要现金呢？答案当然是否定的。我们需要将一部分现金作为家庭备用金，但可以将

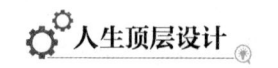

家庭备用金分为两部分：一部分现金放在家里面，另一部分放在银行存成活期存款，以应对不时之需。这样不仅可以保证财产的安全，使用的时候也非常方便。

（3）什么时候可以使用家庭备用金？家庭备用金，一旦准备就不可以轻易使用，随意地使用家庭备用金，备用金将失去它存在的意义。例如，家中突然有失业，中断了经济来源，没有钱花了，就可以使用家庭备用金，来给自己一个缓冲。自己可以一边找工作，一边使用家庭备用金，渡过难关。家里有人得了重病，重病一般需要很多钱来治疗，一般家庭都很难承担，但是如果准备了家庭备用金，就不必太担心，可以使用家庭备用金来解决这些问题。

定期存钱，也能积少成多

要解决月光，先要改变存钱顺序。很多人存钱的顺序是先消费，后存钱。每个月发了工资后，先去花，剩下的再存起来。每次都要求自己少花，可每次都控制不好，最终就是一分也存不下。正确的顺序应该是先存钱后消费，也就是每月发了工资后，先拿出一部分存起来，剩下的再去花。哪怕全部都花完了，也能存下一点。这才是一个好的告别月光的开始。

具体如何存呢？今天咱们来介绍三个方法，可以分别按天、按周和按月来进行。

1.按天来存入

先看看这个月总共有多少天，当月的1号就存入对应的金额。比如，这个月总共是31天，那1号就存入31块，2号就存入30块，3号是29块，每天递减1块，到最后一天只需存入1块钱。一年12个月，每个月都这样来进行，一年也能存够5000多元。

2.按周来进行

如果觉得按天比较麻烦，可以改用按周来存，叫52周存钱法。一年差不多52个周，每周都存一笔。具体金额可以结合自己的情况来调整。

3.按月来存入

每月都拿出固定金额存一笔定期存款，总共12笔，也叫12存单法。如果每月500元，一年能有6000元，也能存下不少。

适当投资，让钱生钱

个人投资就是通过对财务资源的适当管理来实现个人生活目标的一个过程，是为实现整体投资目标设计的统一的互相协调的计划。而理财指的是对财务进行管理，以实现财务的保值、增值为目的。个人理财如何才能投资赚钱？

1.确定理财目标

理财的目标大概可以分为攒钱（为购买某个商品攒钱）、保值（为了

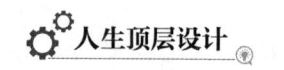

不让自己的钱因为通胀而贬值）、增值（就是用钱赚钱）这三种。攒钱是最低级的理财目标，不管自己存在银行里的钱是增值还是贬值，都不在乎，只要攒够钱就可以买东西；保值比较有技术性，需要考虑自己的钱投到哪里，需要消耗较多的精力。增值，就更难了，需要投入经历去分析股票、市场、期货等理财产品，或购买某种保值商品，需要一定的经济头脑，耗费一定的精力。

2. 制订理财计划

分析好自己的理财目标后，就可以制订理财计划了。对于经济收入比较高的人来说，可以将收入分为三个部分：消费、储蓄、投资。对安全感要求高的人，可以多储蓄少投资；对于乐天派，可以多消费少投资；对于富有挑战性的人，可以少储蓄多投资；对于月收入低于1万元的，可以降低消费，增加储蓄；如果有一定的经济积累，也可以投资一些风险较低的项目。

3. 确定投资项目

目前，储蓄是无法达到保值增值的目的的，因为银行利息太低，而贬值很快，所以用钱购买某种商品，然后利用商品的保值增值性给你的钱保值增值，也就成了理财的基本原理。如果除了工作以外还有很多时间去理财，那么可以选择一些短期投资，资金流动性会比较快。如果没有多少时间考虑投资项目，最好选择一些长期的、安全性较高的理财项目，比如，国债、货币基金等。

4. 掌握消息来源

现在是信息社会，掌握一条重要信息可以让你一夜暴富，比如，知道某种股票在这两天内可能会涨,就可能在这几天内暴富。一般炒股的人都会留意国内外发生的大小新闻,还有一些国家政策的调整。

5.限定投资期限

在投资前就应该确定什么时候撤资,比如购买某种股票前,决定要做长期的跟进还是短期的炒作。如果没有设定好最后期限,很容易产生"再等一等"的心理。投资就像赌博,都有"今天运气不好明天就能赢回来"的思维。一旦股价下降,不甘心愿赌服输,就会选择跟进,进而造成更大的损失。所以,在开始之前就要知道什么时候结束。

第十四章
向顶级成功人士学习人生顶层设计

任正非：为观念而奋斗的硬汉

"任正非"这个名字早已广为人知，无论是东方还是西方，不管在商界还是其他领域，都有很多人在研究任正非，在议论任正非。任正非的光辉无比灿烂，吸引人们的关注，但我们不要仅看任正非的光辉，还要看任正非的寂寞和付出。从几个人的"小个体户"到业务遍及170多个国家和地区的跨国公司，全球员工约20万人，年营收数千亿。华为取得这样的成就，只用了三四十年时间。

任正非本来是一位退役的解放军团级干部，在这样的情况下，很多人应该都会选择安于现状。但是43岁的任正非却手拿两万块钱和几位朋友联手，创立了华为公司。在创建之初，华为只是一个拥有一间破旧厂房的小型公司，工作人员也只是一只手便能数过来，在当时谁也没有想到这样的小破公司会成长为如今的实力企业。

几乎每一个企业在创立之初都会遇到重重困难，华为也没有例外。因为公司的合法化，需要拿到营业执照，所以在交完所需费用之后，身上可用的资金所剩无几，甚至连专门运货的租车费用都无力承担。任正非和公司员工只能靠自己人力坐公交车来回运输，费力费事，但好在所有的付出都有了回报。

华为的第一桶金，在公司成立了一段时间后，悄然到来。香港的鸿年 HAX 要求华为给他们的交换机做代理，从而获取其中差价。而随着交换机代理做得越发熟练，公司逐渐走上正轨。任正非脑中浮现了一个大胆的想法，便是自行研发交换机。但风险不可预测，如果交换机并没有通过相关标准，前期投入进去的钱财也会全部赔掉，所以在研发过程当中需要十分谨慎小心。华为没有辜负众人的期望，终于研发出了 C&C08 华为机，进入市场之后便迅速引起人们的广泛好评和购买。华为机凭借着超高的性价比，逐渐占据了大部分市场，让华为在后续的发展历程上更加顺利。

华为这次的大获成功，让公司得到了更多的研发资金和底气。实现了从小公司到中型企业的转化，并为后续华为的建设打下了基础。而华为在赚取到一定资金以后，也对其进行了完善利用。

2000 年，华为邀请世界 50 多个国家的电信运营商和代理商参加香港电信展，还让参加展会的人员提走将近上千台的笔记本电脑。加上对受邀人员的住所餐饮等费用，花费了将近 2 亿元，而这样的付出，也让国际看到了华为的实力。

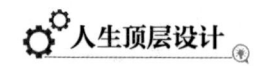

很多人以为，华为企业做得好，只是华为手机做得好，其实只是看到了冰山一角。其实，它已是全球最大的信息设备供应商，信息领域的规则制定者。

5G时代的到来给华为提供了更加丰富的商机，在其他手机还尚未开展5G理念的时候，华为已先行投身于5G流量的研究当中。除了想要公司实力更强的目的以外，更多想通过自己的努力，提高中国的电子技术，这也是华为做出这些研究的核心理念。

华为的成功离不开它的掌舵者任正非，他沉稳睿智、大气磅礴。在浮躁、拜金的商界，任正非就像一股清流，带着华为走出国门，走向世界。他的身上有太多值得创业者学习的特质，笔者在这里主要总结了以下三点，与广大创业者共勉。

1. 低调的作风

任正非的低调尽人皆知，现年73岁的他很少出现在媒体面前，网上能够搜到他的照片也是少之又少。很多人会说现在已经不是过去那种"酒香不怕巷子深"的年代了，企业家要增加曝光，成为企业的代言人才行。其实，做企业是一件长久的事，任正非的低调并没有阻碍华为向前发展，反而使得华为内部少了很多浮躁，把更多的时间和精力放在了产品上面，而不是那些虚无缥缈的梦想上，所以这样的华为走得更稳、更成熟。

2. 共享精神

华为目前有8万多名股东，都是华为的员工，这就是华为与别的企业的不同之处。华为实行的是"工者有其股"的持股制度，作为创始人的任正非仅仅占了 1.4% 的股份，其余的 98.6% 都给了员工。也正因为如此，华为员工即使加班时间远高于同行，也愿意跟着任正非干，因为自己占了股份，相当于做自己的事业，企业赚钱了，自己分到的钱自然也就更多。

3. 危机意识

任正非是一个很有危机意识的人，他曾有一段这样的独白："我天天思考的都是失败，对成功视而不见，也没有什么荣誉感、自豪感，而是危机感。失败这一天一定会到来，大家要准备迎接，这是我从不动摇的看法，这是历史规律。"2001 年，国际高科技产业哀鸿遍野，华为却发展势头强劲。在这样的情况下，任正非却发表了一篇题为《华为的冬天》的文章，敲醒了很多沉溺在胜利的喜悦中的华为人。作为创业者，也应该拥有他这种居安思危的危机意识，这样才能真正立于不败之地。

曹德旺：天道酬勤的企业家

曹德旺，大名鼎鼎的福耀集团董事长。他 1946 年出生，他的曾祖父曹公望，是福建福清首富。到了他爷爷这一代，家境衰落，他父亲在一家日本布店做学徒，挑着担子下乡叫卖，边卖边吆喝。

曹德旺小时候，根本吃不饱饭，一天顶多两顿，汤汤水水，饿得肚子咕咕叫。实在受不了了，曹母就把几个孩子叫到院子里，坐在小板凳上，围成一圈，吹口琴、唱歌、玩游戏。母亲经常教育他们：出门"要抬起头来微笑，不要说肚子饿，要有骨气、有志气"。这些话，打小就深刻地印在曹德旺脑海里，也为他种下了一颗不甘贫穷的种子。

曹德旺15岁时，就跟着父亲从福州往高山倒卖香烟。从高山到福州路远，他们骑着自行车，翻过太城岭，去找一个开杂货铺的老蔡，从他那里进烟丝。从那个时候起，曹德旺就养成了早起的习惯，也养成了勤劳的品格。后来，曹德旺事业越来越大，也常常回忆起：母亲坐在他床边，喊着"德旺，起床了"，一手轻轻推他，一手抹着止不住的泪花……

创业之初，曹德旺建立的是高山玻璃厂。曹德旺从这个事件中，得到一个教训：签订合同时，甲乙双方必须是平等的，你不要骗我，企图从中牟取暴利，我也不欺负你，弄清你的成本，充分尊重你的劳动。后来，曹德旺越做越大，有了一系列稳定的供应商保障。他们乐于和福耀做生意，最重要的一条就是：和福耀做生意，虽然赚得不多，但总是有得赚，而且付款及时。

曹德旺说：一个企业，和一个人一样，要活着，都要有一个头。企业的头是法人，要面向社会各界，做头的条件，一是必须具备较高的综合素质，二是要有广泛的人脉。如果条件不成熟，贸然去当头，等着你的恐怕就不光是福祉了。

1997年夏天，印尼ASAHI玻璃公司的日本总经理，来拜访曹德旺。因为那一年，泰铢贬值崩盘，引发东南亚经济危机，印尼受到的冲击也很严重。在曹德旺家里，饭桌上，日本经理说了自己的困难，希望曹德旺帮他。

曹德旺说："你要记住，从产业链的理论上讲，上下游企业，是有买卖关系，但也是分工不同，绝对不是各自孤立地存在。要想让公司健康发展，不仅自己要做好，更需要我们的供应商发达。表面上我们是在帮别人，实际上也是在帮助我们自己。既然我们是帮助别人，那就不用讨价还价。我相信日本人也是个聪明人，知道我的用意。"

在后来 20 多年的路上，福耀的上下游企业，遇到很多危机，甚至包括福特这样的巨头。但曹德旺一直坚持这个原则：产业链的上下游，都是一家人，只是不同的分工，谁也不要自毁长城，谁也不要见死不救。别人有困难，你理解并给予帮助，这是给自己留条后路。

曹德旺的父亲曾教育他："有福者，必须先有量，福是从气量中求。"曹德旺一直谨记这句话。30 多年来，曹德旺，从一个不名一文的贫困青年，成长为今天跨国集团的董事长，并且是安永企业家大奖第一个华人获得者，让福耀这颗明星闪耀全球。

王传福：新能源汽车领军人物

1990 年，王传福在北京有色金属研究院硕士毕业，并留在该院 301 室工作，按部就班地历任副主任、主任、高级工程师、副教授，还曾带出过一批研究生。

在研究院工作了 5 年的王传福，某一天忽然发现作为自己研究领域

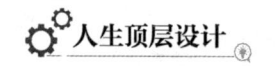

之一的电池面临着巨大的投资机会。当时要花 2 万~3 万元才能买到一部"大哥大",而欲买者趋之若鹜。他意识到手提电话的发展对充电电池的需求会与日俱增。而在他这个教授看来,技术不是什么问题,只要能够上规模,就能做出大事业。1995 年 2 月,王传福毅然下海经商,在深圳注册了比亚迪实业。

1995 年下半年,王传福试着将比亚迪的产品送给台湾最大无绳电话制造商大霸试用。没想到的是,比亚迪产品优秀的品质、低廉的价格,引起了大霸浓厚的兴趣。当年年底,大霸毫不犹豫将给三洋的订单给了王传福。

1997 年,比亚迪已经从一个名不见经传的小角色,成长为一个年销售近 1 亿元的中型企业。3 年来,比亚迪每年都能达到 100% 的增长率。

1997 年,金融风暴席卷东南亚,全球电池产品价格暴跌 20%~40%,日系厂商处于亏损边缘,但比亚迪的低成本优势越发凸显。飞利浦、松下、索尼甚至通用也先后向比亚迪发出了令人激动的大额采购订单。在镍镉电池市场,王传福只用了 3 年时间,便抢占了全球近 40% 的市场份额,比亚迪成为镍镉电池当之无愧的老大。

随后,王传福专门成立了比亚迪锂离子电池公司,这一决定在今天已经结出硕果。根据《日经电子新闻》的统计,目前比亚迪在锂离子电池和镍氢电池领域仅排在三洋、索尼和松下之后,成为与这三家日本厂商齐名的国际电池巨头。

目前,比亚迪的生产规模达到了日产镍镉电池 150 万只,锂离子电池 30 万只、镍氢电池 30 万只,60% 的产品外销,手机领域的客户既包括摩托罗拉、爱立信、京瓷、飞利浦等国际通讯业巨头,也有波导、TCL、康佳等国内手机新军,而无绳电话用户包括伟易达、松下、新利等行业领导者。比亚迪一跃而成为三洋之后全球第二大电池供应商,占据了近15%的全球市场。

1. 王传福改变了中国企业家的形象

那些在全球产业分工链条上苦苦挣扎,为了获得一份低端打工仔职位而不断压低身份,不惜血本甚至自相残杀的人群中,终于走出来一位"技术派"领军人物,以拆解跨国公司的技术壁垒为己任,狂热追求技术创新,并组织起了一支真正能征善战的本土化的技术研发和制造队伍。

2. 王传福拥有独特的解决之道

投资一条电池生产线要几千万元,没钱怎么办?自己造。王传福"土办法"看上去很笨拙:自己动手制造生产设备,把生产线分解成一个个可以由人工完成的工序。没钱,难道还没有人?比亚迪的"制造秘诀"是"半自动化加人工",也有人称"小米加步枪"。从电池生产线到汽车模具,王传福把人力资源开掘到了极致,二十名工程师怎么也能顶上一台机械手吧。在日本、欧美,工业化意味着大机器制造,尽量减少人工。经过比亚迪改造的"中国特色工业制造",却是"人海战术",或叫工程师制胜。

3. 自己动手,丰衣足食

"比亚迪制造模式"不但大幅降低了成本,还将技术的消化吸收和工艺改进自始至终地融入制造业的各个环节。他们发现,"半自动化人工"的准确率并不比全自动化低,还避免了批量加工出错后的大规模召回难题，它可靠又灵活。更可贵的是，对人工和技术研发的极度推崇，让比亚迪格外注重产业链的"垂直整合能力"。只要客户提出要求，他们就能提供从方案设计到最终生产一站式服务。王传福说，代工只是比亚迪的一种服务，背后卖的是零部件，卖我们自己的技术。

4.想和别人竞争，还要走别人走过的路，是自寻死路

你和别人一模一样的打法，你凭什么打赢？王传福决定"你打你的，我打我的"。比亚迪的企业战略，从根本上就是要破除中国人力资源只能走廉价、低端路线这一迷信。在王传福看来，中国的工程师创造力是最棒的，因为他们总是工作第一，享受在后。他强调，利用好中国的高级人才和低级人才，让其淋漓尽致地发挥，才是"中国制造"的真正优势。

雷军：为了梦想而努力的"最佳CEO"

1969年，雷军在湖北出生。1987年毕业于原沔阳中学(现湖北省仙桃中学)。同一年，雷军成功考入武汉大学的计算机系。大学毕业的雷军开始进军电脑市场。1992年，雷军创作出《深度DOS编程》这本书。后两年他开始编写加密软件、CAD软件等小工具。在这两年，雷军成为被各家电脑公司老板熟知的人物，成为武汉电子街的出名人物。

当时计算机刚刚兴起，提升计算机效率的汉卡市场非常广阔，于是雷军在大四那年就与三位朋友共同创办了三色公司，专门仿造金山汉卡，

但因为产品是仿造的，三色公司的产品也遭到别人的破解仿造，很快公司就黄了。

大学创业失败后，雷军服从学校的分配，前往北京一个航天研究所工作，但雷军那团创业之火却越烧越旺，他常常一下班就跑到中关村的软件公司找活干。1991年雷军受中国第一程序员求伯君的邀请，毅然放弃铁饭碗加入金山，但这次创业竟然比第一次还要惨。

当时，微软已经盯上了中国市场，比尔·盖茨是雷军的偶像，雷军决定亲自研发一款软件，来证明自己的能力。于是，雷军带着团队没日没夜地赶进度，每天只睡四五个小时，三年后，这款软件终于问世，命名为"盘古"，大有开天辟地之意。结果，盘古问世半年，只卖了2000多套，开发团队分崩离析。

绝望的雷军向求伯君提出离职，但求伯君极力挽留雷军，给了他半年的长假，假期结束之后，雷军终于想明白了，想成大事，光努力是不够的，更重要的是找准方向。那个时候泡在网吧里的年轻人越来越多，而他们去网吧最大的动力就是玩游戏，于是雷军将开发重心放在了电脑游戏上，推出了延续至今的《剑侠奇缘》这一大爆款，成了金山的摇钱树。

1998年刚刚28岁的雷军就成了金山的总经理，2007年雷军成功带领金山上市，钱对他来说真的就成了一个数字而已。但他却十分郁闷，因为同一年阿里在香港上市了，加上此前上市的腾讯，雷军选择了辞职，他需要休息，更需要思考。

辞职之后，雷军转型成天使投资人，光上市公司就投了十几家，但

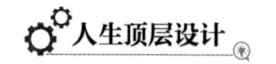

财富的增长并没有让雷军感到舒服，他心中那个创办一家伟大公司的梦想再次浮现，但该怎么实现这个梦想呢？几年之后，雷军终于想明白了，凡事要顺势而为，站在风口上猪都能飞起来。

而此时，一场十年一遇的大风正好袭来。2009年国内正式发放3G牌照，雷军意识到移动互联网已经成为大势所趋，而智能手机正是移动互联网的基础。雷军一拍板决定做手机。

2010年4月6日，在喝完一锅小米粥之后，小米公司正式开张，刚成立的小米无疑成了明星公司，估值就达到了10亿美元，而这样的估值无非是都看好雷军，小米手机也不负众望，它的出现也彻底改变了中国的手机市场，引领着中国手机逐渐走向了世界。

2014年12月4日上午，《福布斯》杂志网站宣布，小米科技创始人雷军当选《福布斯》亚洲版2014年度商业人物。《福布斯》杂志称，在雷军的带领下，小米以价格低廉的智能手机横扫亚洲市场，并在全球范围内带动了以大众可承受的价格生产功能强大的电子设备，以覆盖广阔的人群潮流。

2018年小米作为第一家"同股不同权"的科技股登陆港交所，2019年小米终于拥有了自己的物业小米科技园，同年小米成为最年轻的世界500强。

雷军思考问题的方式，我总结就是：坚定、务实、求真、谦虚、理想主义。

1. 坚定

在多数公司都把公司文化当作装饰的时候，雷军能把公司使命、愿景、价值观落实,并且使其成为指导小米成功的指南针,成为面对方向取舍时候的标准,做到这一点非常不容易。需要非常强大的战略定力和系统思维能力。

2. 务实

雷军判断问题从实际出发,而不是从领导人的主观想法和意见出发。如果想法和现实产生了冲突,一定会尊重现实。这一点也体现在做事情上,既有理想主义的一面,更要讲求实际,实现理想。

3. 求真

求真是不断对事情发展的本质规律探求的过程,就是所谓的"第一性原理",对左右事物发展的本质规律的不断发现、总结和反复求证。

4. 谦虚

谦虚,既表现在对用户、员工、合作伙伴的尊重,也表现在愿意对一切可以借鉴经验的接纳态度,更表现在对既往成功的企业,用一种欣赏、学习的态度来看待。

5. 理想主义

这是一种对未来和美好充满信心与坚定的情怀。

董明珠:商业"铁娘子"

1954年董明珠出生在江苏南京的一户普通人家,过着平淡且充实的

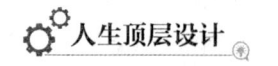

日子，家中兄妹7人，董明珠是最小的那一个，作为家中的老幺在一家人的呵护中成长起来。

1977年董明珠大学毕业参加工作，来到位于南京的一家化工研究所做行政管理的文职类工作，从小养成的不服输的性格让她在工作中渐渐变得强势。

时间来到1990年，这是一个充满机遇的年代，许多商企在国内拔地而起，在市场一片光明的情形下，董明珠毅然决然地辞去了工作，踏上南下打工的道路。在一片荒芜的工业区，格力建立了，董明珠首次来到了海利空调厂，也就是格力的前身，当了基层的一名业务员，36岁才得到这份工作的董明珠对这一次的机会尤为看重。

1992年董明珠光在安徽的销售额就突破1600万元，这一年董明珠的棋局展开吞没之势，一年内，董明珠的个人销售额突破3650万元。

1995年，这位坚持自身原则的女领导开始亮剑，刚经历了格力史上的"黑色星期五"，在一众骨干员工的离职下，只有董明珠还在坚持盘活棋局，她接下了销售经理的职位，上任后董明珠面对的第一个问题便是销售掉格力在冬季时积压的近两万套空调。但不同于其他企业的做法，董明珠并没有做出降价售卖的选择，而是把积压的空调平均分摊给了每位经销商。董明珠正面硬刚，毫不服软。对她来说，产品的质量、客户的选择才是企业品牌的第一位。宁愿让出市场也不降价的行为，使得一众的销售员开始绞尽脑汁地去完成自己的KPI，那年是空调行业的大爆发。

2001年，董明珠升任格力电器总裁，开始整顿企业，确立了要打造百年企业的发展目标,开始将格力品牌推向国际,并进行多元化发展。2001年6月,格力投资两千万美元建设了地处巴西的格力电器公司,为格力品牌展开国际化道路迈出了第一大步。国际化发展的布局也必然和可持续性发展相关联,拿下各大名号的董明珠在2021年5月,正式被任命为格力集团的董事长。董明珠从此频繁出现在大众视野之中。自2012年开始,格力对环保的贡献便得到了联合国的认可。

自2016年开始,格力空调全面进驻巴西里约的各类奥运场馆,几乎是以席卷之势吞噬了市场份额,它是中国百分之百的自主品牌入驻奥运会的代言者。

2022年2月,董明珠连任格力电器集团董事长、总裁,这已是她第四次连任。在董明珠的带领下,格力已拥有2000多家门店,年销售额突破500亿元,她也赢得了"营销皇后"的美誉。

从董明珠的经验里或许能得到一些启发。

1. 脚踏实地

不管做什么事情,都要脚踏实地,不能有任何要走捷径的想法,董明珠的企业是家实体制造业企业,制造业最重要的也是最核心的竞争力就是技术,没有技术就没有任何竞争力,为此董明珠投入大量资金,企业掌握了核心科技,自身有了技术,底气自然也就足了。

2. 诚信待人

董明珠的经营理念就是"承诺什么就是什么",做不到就不要承诺人家,人与人之间的信任都是相互的,你欺骗别人在先,就不能反过来指责别人欺骗你。中国的传统美德里从小就教育我们要诚信待人,有些人

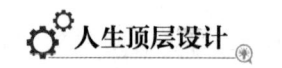

并不把它当作一回事，非要等到自己吃亏了才肯重视。

3. 刚正不阿

董明珠之所以被称为"铁娘子"，就在于她的那种刚正不阿的精神，爱恨分明，错的就是错的，不可以用任何理由来掩饰它。她对自己严格要求，监督自己，有不对的地方及时地纠错和改正。

4. 敢于担当

董明珠是所有企业家里面为数不多的敢为自己的企业宣传拍广告的，她的原话是："有很多企业因为产品质量不过关遭到消费者的投诉，消费者又找不到人，所以就拿代言产品的明星出气，明星也是个受害者，因为产品的好坏他们也不知道，也保证不了，所以她就自己站出来，有什么问题直接找她。"敢这样说是需要很大的勇气的。

5. 肩负责任与使命

董明珠坚持"社会需要什么企业就造什么"的责任精神，造出消费者满意和放心使用的产品。企业的成功可以给一个民族带来很大的自信和底气，自信就来自内心的强大，有着强大的内心和志向的董明珠，不会屈服于一些小的挫折，自然也能取得大的成就。